Youcef Bouhadda

Etude des hydrures pour une application de stockage de l'hydrogène

Youcef Bouhadda

Etude des hydrures pour une application de stockage de l'hydrogène

Modélisation des propriétés électroniques et thermodynamiques par calcul Ab initio

Presses Académiques Francophones

Impressum / Mentions légales

Bibliografische Information der Deutschen Nationalbibliothek: Die Deutsche Nationalbibliothek verzeichnet diese Publikation in der Deutschen Nationalbibliografie; detaillierte bibliografische Daten sind im Internet über http://dnb.d-nb.de abrufbar.

Alle in diesem Buch genannten Marken und Produktnamen unterliegen warenzeichen-, marken- oder patentrechtlichem Schutz bzw. sind Warenzeichen oder eingetragene Warenzeichen der jeweiligen Inhaber. Die Wiedergabe von Marken, Produktnamen, Gebrauchsnamen, Handelsnamen, Warenbezeichnungen u.s.w. in diesem Werk berechtigt auch ohne besondere Kennzeichnung nicht zu der Annahme, dass solche Namen im Sinne der Warenzeichen- und Markenschutzgesetzgebung als frei zu betrachten wären und daher von jedermann benutzt werden dürften.

Information bibliographique publiée par la Deutsche Nationalbibliothek: La Deutsche Nationalbibliothek inscrit cette publication à la Deutsche Nationalbibliografie; des données bibliographiques détaillées sont disponibles sur internet à l'adresse http://dnb.d-nb.de.

Toutes marques et noms de produits mentionnés dans ce livre demeurent sous la protection des marques, des marques déposées et des brevets, et sont des marques ou des marques déposées de leurs détenteurs respectifs. L'utilisation des marques, noms de produits, noms communs, noms commerciaux, descriptions de produits, etc, même sans qu'ils soient mentionnés de façon particulière dans ce livre ne signifie en aucune façon que ces noms peuvent être utilisés sans restriction à l'égard de la législation pour la protection des marques et des marques déposées et pourraient donc être utilisés par quiconque.

Coverbild / Photo de couverture: www.ingimage.com

Verlag / Editeur:
Presses Académiques Francophones
ist ein Imprint der / est une marque déposée de
OmniScriptum GmbH & Co. KG
Heinrich-Böcking-Str. 6-8, 66121 Saarbrücken, Deutschland / Allemagne
Email: info@presses-academiques.com

Herstellung: siehe letzte Seite /
Impression: voir la dernière page
ISBN: 978-3-8381-4910-3

Zugl. / Agréé par: Alger, Université des sciences et de la technologie Houari-Boumediene, 2011

Copyright / Droit d'auteur © 2014 OmniScriptum GmbH & Co. KG
Alle Rechte vorbehalten. / Tous droits réservés. Saarbrücken 2014

Etude des hydrures pour une application de stockage de l'hydrogène.
Modélisation des propriétés électroniques et thermodynamiques par calcul Ab initio.

par
Dr Youcef BOUHADDA

Sommaire

Sommaire 2

Introduction générale 8

Chapitre I pourqoui l'hydrogène

Introduction 13

I.1 L'effet de serre et pollution : 13

I.2- La dépendance envers les énergies fossiles (pétrole): Contexte et enjeux ... 20

I.3. Evolution historique des transitions énergétiques: La transition vers l'hydrogène :
.... 22

I.4. Pourquoi l'hydrogène ? 23

    I.4.1 Réduction des émissions polluantes 24

    I.4.2 La pollution de l'air dans les villes 24

    I.4.3 Indépendance énergétique et sécurité d'approvisionnement ... 24

    I.4.4 Efficience énergétique 24

    I.4.5 Economie et emploi 24

I.5. L'hydrogène 25

    I.5.1 Propriétés générales 25

    I.5.2. Production de l'hydrogène 27

        I.5.2.1- La production d'hydrogène à partir de carburants fossiles : 28

        I.5.2.2 L'électrolyse de l'eau : 30

        I.5.2.3 La gazéification de la biomasse : 30

        I.5.2.4 La gazéification du charbon : 31

        I.5.2.5 La photobiologie : 31

        I.5.2.6 La production à partir de l'énergie nucléaire : 31

    I.5.3. Transport de l'hydrogène : 32

    I.5.4 Stockage de l'hydrogène : 33

I.5.4.1. Le stockage sous pression (état gazeux) :..34

I.5.4.2. Stockage liquide...35

I.5.4.3 Le stockage solide...36

I.5.5 Utilisation...37

Références:...38

Chapitre II stockage d'hydrogène dans les hydrures

Introduction 42

II.1 Pourquoi les hydrures ? 42

II.2- Les hydrures:...45

  II.2.1 Les hydrures métalliques:..45

    II.2.1.1 - Les hydrures de métaux alcalins :..47

    II.2.1.2- Les hydrures de métaux alcalinoterreux :..48

    II.2.1.3 Les hydrures métalliques à base de magnésium:..50

    II.2.1.4 Familles d'intermétalliques et leurs hydrures :..54

    II.2.1.5 Les hydrures complexes 57

II.3 - La Théorie et la simulation des matériaux:..59

II.4 - les enjeux et les défis de la recherche sur les hydrures:..61

  II.4.1 - les défis théoriques fondamentaux:..61

    II.4.1.1-La Compréhension des processus physiques et chimiques fondamentaux : 61

    II.4.1.2-Compréhension des mécanismes de réaction catalytique.............................62

    II.4.1.3-Conception de nouveaux matériaux...62

  II.4.2-Défis de la simulation (calcul) 62

    II.4.2.1. Modélisation des hydrures dans le cadre de la théorie DFT :......................63

Références:...66

Chapitre III Les outils théoriques

III.1 Introduction 74

III.2 Problème à N corps 75

   III.2.1 L'équation de Schrödinger... 75

   III.2.2 Le découplage entre électrons et nucléons : "l'approximation de Born-Oppenheimer".. 76

   III.2.3 Les approximations basées sur la fonction d'onde "approximation du champ self-consistant" 78

      III.2.3.1 Approximation de Hartree 78

      III.2.3.2 Approximation de Hartree-Fock 79

   III.2.4 La théorie de la fonctionnelle de la densité (DFT) 81

      III.2.4.1 Les débuts de la DFT 81

      III.2.4.2 La théorie de la fonctionnelle de la densité 82

   III.2.5. Les implémentations de la DFT dans le calcul de la structure électronique 91

      III.2.5.1 Le théorème de Bloch 93

      III.2.5.2 Une base d'ondes planes 93

      III.2.5.3 Ondes planes augmentées (APW) et ondes planes augmentées linéarisées (LAPW) 94

      III.2.5.4 La méthode des pseudopotentiels 97

III.3 Théorie de la fonctionnelle perturbée... 101

   III.3.1 Propriétés vibrationnelles à partir de la structure électronique........... 101

   III.3.2 Approximation harmonique et matrice dynamique 102

   III.3.3 Matrice dynamique et densité électronique 104

      III.3.3.1 Théorie de la réponse linéaire 105

      III.3.3.2 Equations de la DFT perturbée 106

      III.3.3.3 Application au calcul de la matrice dynamique 106

   III.3.4 Les phonons et les différents modes de vibration 107

Références : 108

Chapitre IV Résultats et discussions

Chapitre IV : Résultats et discussions 97

IV. 1- Etude *ab-initio* de l'hydrure LiH 99

    IV. 1.1 - La structure cristallographique de LiH 100

    IV. 1. 2 - Détails de calcul 101

    IV. 1.3 - Résultats et discussion 101

        IV 1.3.1 - Propriétés structurales de LiH dans la structure Rocksalt (Type NaCl) 101

        IV. 1.3.2 Densités d'états électroniques (DOS) 102

        IV. 1.3.3 - Enthalpie de formation (hydrogénisation du lithium) 103

    Références 105

IV. 2- Étude *ab-initio* du $LiBH_4$ 107

    IV. 2.1- Méthode de calcul 107

    IV. 2.2- La structure cristalline du composé $LiBH_4$ 108

    IV. 2.3 - Optimisation de la structure cristalline 109

    IV. 2.4 - Calcul de l'enthalpie de formation 110

    IV. 2.5 Structure électronique de $LiBH_4$ 111

    Réferences 112

IV.3 l'étude de l'hydrure MgH_2 : 114

    IV.3.1 Introduction: 114

    IV.3.2 Le détail de calcul et la structure cristallographique de MgH_2 : 115

    IV.3.3 Les propriétés structurales: 116

    IV.3. 4 L'enthalpie de formation: 117

    IV.3.5 La structure électronique: 118

    Références : 118

IV.4. Les propriétés des hydrures ZrNiH et ZrNiH$_3$ 123
   IV.4.1. La méthode de calcul 123
   IV.4.2. La structure cristalline de ZrNiH et ZrNiH$_3$ 124
   IV.4.3 La structure électronique ZrNi, ZrNiH et ZrNiH$_3$ 126
      a) ZrNi 126
      b) ZrNiH 127
      c) ZrNiH$_3$ 129
   IV.4.4 Propriétés structurale 131
   IV.4.5 L'enthalpie de formation de ZrNiH$_3$: 131
   Références 134
IV.5. Les propriétés de NaMgH$_3$ 136
   IV.5.1 Méthode de calcul 137
   IV.5.2 La structure cristalline: 138
   IV.5.3 La structure et la densité des états électroniques 141
   IV.5.4 Les propriétés optiques 143
   IV.5.5 L'enthalpie de formation standard : 148
   IV.5.6 Charges effectives de Born 150
   IV.5.7 Les propriétés dynamiques 151
   IV.5.8 l'effet de la substitution de Na par le Li sur les propriétés de NaMgH$_3$ 157
   Références 160

Conclusion

Conclusion générale 164
Annexe A 169
   Les propriétés optiques des solides 169
Annexe B : 173

Equations d'état 173
    B.1 Equation de Birch-Murnaghan 173
    B.2 Equation de Vinet 173
Annexe C : 175
Annexe D 179
    Liste des publications relatives à ce travail 179

Introduction générale

La situation énergétique actuelle est caractérisée par l'épuisement progressif des réserves d'énergie fossiles, le réchauffement de la planète en partie dû à l'augmentation néfaste des émissions de gaz à effet de serre et l'émergence du concept de développement durable.

Cette situation suscite le recours à des solutions énergétiques alternatives non polluantes. Il s'avère que l'hydrogène, l'élément le plus abondant dans l'univers, est le candidat incontesté pour jouer un rôle déterminant dans le développement d'un nouveau système énergétique à long terme. En effet, l'hydrogène est une solution adaptée aux défis qui se posent actuellement sur les plans environnementaux (la pollution et le changement climatique), économiques (la dépendance totale au pétrole) et énergétiques (la transition énergétique logique de combustibles solides vers les combustibles gazeux en passant par les combustibles liquides).

L'hydrogène peut être produit à partir de l'électrolyse de l'eau par exemple, puis converti en électricité à l'aide d'une pile à combustible sans émission de CO_2. L'hydrogène a un pouvoir calorifique massique supérieur à celui des hydrocarbures et sa combustion ne dégage que de l'eau.

Mais son utilisation comme carburant est confrontée à plusieurs obstacles technologiques, dus principalement à son stockage, qui nécessitent d'être surmontés.

En effet, le stockage est l'un des verrous technologiques pour l'utilisation de l'hydrogène en tant que vecteur d'énergie. Un mode de stockage quel qu'il soit doit assurer un haut degré de sécurité et une facilité d'usage en terme de capacité de stockage et de dynamique de stockage/déstockage pour permettre à différentes applications de fonctionner dans des conditions techniques acceptables.

À ce jour, plusieurs solutions sont envisagées pour stocker de l'hydrogène. Chaque solution présente des avantages et des inconvénients selon des critères économiques, énergétiques, capacité massique et volumique de stockage, sécurité et cinétique de stockage/déstockage.

Deux modes de stockage basés sur l'hydrogène liquéfié (à 20.3 K) ou sur le gaz pur sous très haute pression (200 bars à 700 bars) sont les plus connus et les plus simples à concevoir. Cependant, des problèmes majeurs subsistent, liés au comportement et à l'endommagement des matériaux et des structures, et à leur fiabilité en terme de sécurité sans oublier le problème de coût tout particulièrement quand il s'agit d'un stockage mobile.

Un autre mode de stockage est basé sur l'utilisation de matériaux solides dont certains peuvent absorber l'hydrogène de façon réversible sous certaines conditions de température et de pression, pour former des hydrures.

Ce mode est prometteur car les densités volumiques de l'hydrogène stocké sous cette forme peuvent atteindre des valeurs supérieures à celle de l'hydrogène liquide. En plus de leurs propriétés de stockage, ces composés possèdent la possibilité de convertir l'énergie chimique en chaleur en offrant un large champ d'applications dans le domaine des pompes à chaleur chimiques.

Le stockage sous forme d'hydrure interstitiel où les atomes d'hydrogène viennent s'insérer dans les sites interstitiels d'une structure métallique, ne présentent pas de problèmes de sécurité.

La plupart des éléments et composés forment des hydrures, mais les hydrures les plus favorables au stockage de l'hydrogène doivent satisfaire à des critères bien précis comme :

- une grande capacité d'absorption de l'alliage,
- une faible pression d'équilibre pour une température voisine de la température ambiante,
- une enthalpie de formation exothermique peu élevée,
- une vitesse de réaction rapide,
- une bonne résistance au vieillissement,
- et un coût du métal ou de l'alliage utilisé, modéré.

De nombreuses études ont été effectuées pour comprendre les phénomènes de formation de l'hydrure, la cinétique d'absorption et désorption, les mécanismes de réaction dans la charge et la décharge, ou encore la durée de vie et les performances cycliques des hydrures. Des recherches ont été ou sont faites pour améliorer chacun de ces points.

Cependant beaucoup de phénomènes dus à l'interaction de l'hydrogène avec les atomes de la structure hôte restent mal compris et peu étudiés. L'étude des hydrures et la prospection de nouveaux matériaux en vue de les utiliser comme moyens de stockage, peuvent se faire sur le plan fondamental au moyen de la théorie quantique de la fonctionnelle de la densité (DFT), compte tenu de sa fiabilité dans le calcul des structures électroniques et des propriétés qui en découlent.

Dans ce travail, nous présentons l'étude par modélisation et par calcul basé sur la DFT, des propriétés structurales, électroniques et thermodynamiques de plusieurs hydrures qui représentent les différentes familles de ces matériaux. En effet, la structure électronique est utile dans la compréhension des liaisons chimiques dans l'hydrure ce qui peut conduire à la conception et à la prédiction des comportements d'autres hydrures similaires. Lors de l'absorption de l'hydrogène dans les structures hôtes, les atomes d'hydrogène se placent dans des sites interstitiels de la maille hôte. La capacité maximale de l'hydrure est alors liée au nombre, à la répartition et à la taille des sites interstitiels. Pour cette raison, l'étude des propriétés structurales est primordiale. La modélisation et la simulation offrent la possibilité d'économiser le temps et les coûts de la recherche expérimentale et d'examiner des voies susceptibles d'améliorer les propriétés des hydrures (tel le dopage ou la substitution d'éléments).

Ce manuscrit s'articule de la manière suivante:

Le chapitre 1 est consacré à une présentation de la filière hydrogène, en commençant par la question « pourquoi l'hydrogène ? », puis les propriétés, la production, le transport et le stockage de l'hydrogène seront examinés.

Le chapitre 2 s'attache à décrire les différentes caractéristiques et aspects du système métal-hydrogène. Les données bibliographiques et l'état de l'art sur les principaux systèmes et familles métalliques absorbant l'hydrogène seront passés en revue.

Dans le chapitre 3, nous exposons l'ensemble des concepts et fondements théoriques nécessaires à la compréhension de la méthode de calcul utilisée, à savoir la théorie DFT.

Le chapitre 4 présente les résultats obtenus avec l'utilisation des méthodes décrites au chapitre 3 pour l'étude de cinq types d'hydrures. Conséquemment, le chapitre est partitionné en cinq sous-chapitres. Le premier sous-chapitre est consacré à l'hydrure le plus simple : le LiH. Par la suite, nous avons étudié un hydrure complexe qui a une relation avec le LiH : le $LiBH_4$ qui est un candidat potentiel pour le stockage d'hydrogène. Le troisième sous-chapitre revisite l'hydrure MgH_2, dont certaines propriétés doivent être éclaircies pour mieux comprendre les interactions et les liaisons chimiques existantes dans ce matériau qui intervient dans toutes les réactions et les synthèses des composés à base de magnésium. Le quatrième sous-chapitre, est focalisé sur les hydrures intermétalliques (le système ZrNi-H) dont nous étudions les structures électroniques et thermodynamiques. Enfin, le dernier sous-chapitre est consacré à l'étude d'un hydrure de type pérovskite $NaMgH_3$. Les propriétés structurales, électroniques, optiques et thermodynamiques de $NaMgH_3$ sont discutées ainsi que la dynamique de réseau et nous terminons par l'examen de l'effet de la substitution du sodium par le lithium dans le composé.

Chapitre I
Pourquoi l'hydrogène

Chapitre I: pourquoi l'hydrogène

« Je pense qu'un jour, l'hydrogène et l'oxygène seront les sources inépuisables fournissant chaleur et lumière » !

Jules Verne, *l'Ile Mystérieuse* **(1874)**

Introduction

Les modes de vie des pays industrialisés et émergents, basés sur la production et la consommation de biens, provoquent un fort accroissement de la consommation de l'énergie primaire. La production pétrolière devrait atteindre un maximum avant 2030 et malgré l'augmentation de la part de l'énergie renouvelable et nucléaire dans le monde énergétique, celles-ci seront insuffisantes pour contrecarrer la domination des énergies fossiles.

Les qualités de l'hydrogène comme vecteur d'énergie, sont indiscutables. Léger, abondant, non polluant, il est un candidat sérieux pour le remplacement des énergies fossiles.

L'idée d'utiliser l'hydrogène comme vecteur énergétique ou tout au moins comme combustible n'est d'ailleurs pas neuve car dès 1874, Jules Verne dans "l'île mystérieuse" voit en l'eau et ses deux constituants, "le charbon de l'avenir".

Dans ce chapitre nous essayons d'élucider les causes et les enjeux énergétiques qui ont incité les tendances actuelles dans la recherche scientifique vers l'hydrogène comme vecteur énergétique, en répondant à cette question : pourquoi l'hydrogène?.

I.1 L'effet de serre et la pollution

L'effet de serre est un phénomène naturel qui permet le réchauffement de l'atmosphère et de la surface d'une planète exposée aux rayons solaires. Il est dû aux gaz à effet de serre (GES) contenus dans l'atmosphère, comme la vapeur d'eau (les nuages), le dioxyde de carbone (CO_2), le méthane (CH_4) et le protoxyde d'azote (N_2O).

Même si l'effet de serre a une mauvaise réputation dans les médias et donc pour le grand public depuis une dizaine d'années, il est important de signaler que c'est ce phénomène qui rend la Terre habitable avec des températures modérées. L'effet de serre, permet d'avoir une température moyenne à la surface de la Terre de +15 °C contre -18 °C si cet effet n'existait pas.

La Terre reçoit de l'énergie du rayonnement solaire et elle renvoie, à son tour, un rayonnement infrarouge dans l'espace dont une partie est absorbée par l'atmosphère, puis réémise partiellement vers le sol. Si elle ne réémettait pas cette énergie dans l'espace, elle deviendrait de plus en plus chaude.

Le Groupe d'Experts Intergouvernemental sur l'Evolution du Climat (GIEC) a publié plusieurs rapports sur l'évolution climatique en montrant une multitude d'indices (figure I.1) confirmant le réchauffement de la planète.

La température moyenne de notre planète a augmenté de 2°C au cours des 50 dernières années et, au rythme actuel, l'augmentation pour les cents prochaines années sera comprise entre 1,5 et 5,8 °C [2] (la mise à jour des données reconstituant la température peut être réalisée depuis le site de la NOAA (National Oceanic and Atmospheric Administration, http://www.noaa.gov/). L'augmentation des températures moyennes est directement liée aux concentrations en gaz à effet de serre présent dans l'atmosphère. Ces dernières augmentent depuis le XIXe siècle avec une vitesse de plus en plus importante (cf. tableau I.1). Le phénomène est dû aux activités humaines comme :

- L'utilisation massive des combustibles fossiles : L'augmentation de la concentration en CO_2 dans l'atmosphère qui en résulte, est le principal facteur de réchauffement climatique.

- La déforestation : La disparition de surfaces toujours plus grandes de forêts a pour effet d'augmenter les rejets de CO_2 dans l'atmosphère. En effet, la poussée de jeunes arbres ne peut plus absorber autant de carbone qu'en génère la dégradation des arbres morts.

- L'utilisation des CFC (chlorofluorocarbone) dans les systèmes de réfrigération et de climatisation conduit aussi à des rejets préoccupants, notamment du fait de leurs durées de vie dans l'atmosphère particulièrement longues (de 10 ans à plus de 100 ans). Toutefois, les différentes règlementations ont permis de réduire considérablement les émissions de ces gaz (En 2009, les CFC sont définitivement supprimés, à l'exception de quantités très minimes et indispensables (utilisation en médecine)).

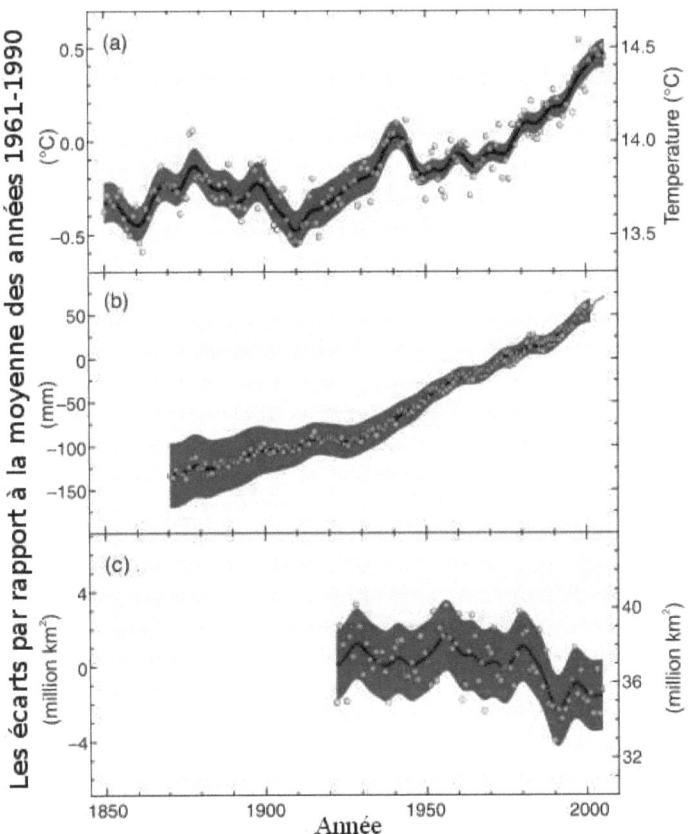

Figure I. 1 Les changements observés entre 1850 et 2007 : (a) de la température mondiale moyenne à la surface de la Terre; (b) du niveau mondial moyen de la mer à partir de marégraphes (bleu) et des données satellitaires (en rouge) (c) de la couverture de neige dans l'hémisphère Nord pour la période Mars-Avril. Tous les écarts sont donnés par rapport à la moyenne des années 1961-1990. Les courbes lissées représentent la moyenne décennale alors que les cercles indiquent les valeurs annuelles. Les zones ombrées représentent les intervalles d'incertitudes [1].

Chapitre I: pourquoi l'hydrogène

- Le protoxyde d'azote et le méthane : Ces gaz présentent un forçage radiatif supérieur (et donc un potentiel de réchauffement global accru).

La figure I.2, montre la répartition des émissions de gaz à effet de serre par secteur d'activités. Cela permet de mettre en évidence le rôle dominant des transports et de la production d'énergie (respectivement 14 ; 21,3 et 10,3 % soit un total de 45,6 %).

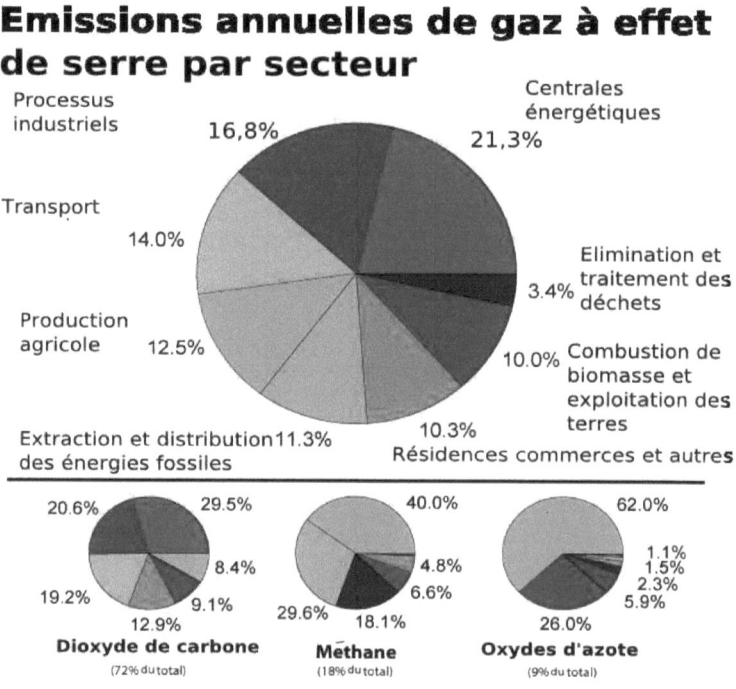

Figure I. 2 Répartition des émissions de gaz à effet de serre par secteur d'activités, source: Emission Database for Global Atmospheric Research (EDGAR) version 3.2, fast track 2000 project [3].

Cependant, chaque gaz à effet de serre possède un effet différent sur le réchauffement global. Par exemple, sur une période d'un siècle, un kilogramme de méthane a un impact 25 fois supérieur à celui de la même quantité de CO_2 [4]. Pour comparer les émissions de chaque gaz, en fonction de leur impact sur les changements climatiques, il est préférable d'utiliser une unité commune : l'équivalent CO_2 ou l'équivalent carbone. L'équivalent CO_2 est aussi appelé potentiel de réchauffement global (PRG). Il vaut 1 pour le dioxyde de carbone qui sert de référence. Le potentiel de réchauffement global (PRG) d'un gaz est le facteur par lequel il faut multiplier sa masse pour obtenir une masse de CO_2 qui produirait un impact équivalent sur l'effet de serre. A titre d'exemple, le méthane a un PRG de 25, ce qui signifie qu'il a un pouvoir de réchauffement 25 fois supérieur au dioxyde de carbone. Cette unité de mesure est très utile pour déterminer les émissions produites par une entreprise, par exemple.

Tableau I. 1 Concentrations atmosphériques en volume, durée de séjour et potentiel de réchauffement (i.e. PRG) des principaux gaz à effet de serre [4]

Gaz à effet de serre	Formule	Concentration préindustrielle	Concentration actuelle	Durée de séjour (ans)	PRG à 100 ans
Vapeur d'eau	H_2O	3‰	3‰	0.02 (1-2 semaines)	8
Dioxyde de carbone	CO_2	278 ppm	387 ppm	De l'ordre de 200 ans	1
Méthane	CH_4	0.7 ppm	1.7 ppm	De l'ordre de 12 ans	23
Protoxyde d'azote	N_2O	0.275 ppm	0.311 ppm	De l'ordre de 300 ans	310
Dichlorodifluorométhane (CFC-12)	CCl_2F_2	0	0.503 ppm	130	6200 - 7100
Chlorodifluorométhane (HCFC-22)	$CHClF_2$	0	0.105 ppm	12	1300-1400

Chapitre I: pourquoi l'hydrogène

On peut ainsi effectuer un bilan global qui prend en compte les émissions directes (combustions, consommation d'énergie, transports) et indirectes (fabrication et transport des produits sous-traités).

Les émissions de carbone accroissent de manière exponentielle depuis une cinquantaine d'années. Les efforts répétés des différents gouvernements ne semblent pas suffisants, car les concentrations mondiales de CO_2, loin de diminuer, et en dépit du protocole de Kyoto, ont atteint de nouveaux records sur l'année 2005. Ainsi on constate par exemple que

(i) la teneur moyenne de l'atmosphère en CO_2 était de 379,1 parts par million (ppm) (0,5% de plus qu'en 2004, et 2,9% de plus qu'en 1993).

(ii) le protoxyde d'azote (N_2O) a également augmenté passant à 319,2 ppm, (0,2% de plus qu'en 2004, et 2,5 % de plus depuis 1993).

Le développement des pays émergents (Chine, Inde, Brésil, …) conduit aussi a une augmentation des émissions de GES (tableau I. 2). Par exemple, en 2007, la Chine à dépassé les Etats-Unis pour les émissions de gaz à effet de serre. Les émissions de dioxyde de carbone sont passées de 5,6 milliards de tonnes en 2006 à 6,071 en 2007 pour ce pays, ce qui représente environ 21 % du total mondial.

Les émissions de CO_2 dépendent du combustible utilisé comme le montre le tableau I.3. Notons toutefois que les émissions de CO_2 reportées dans le tableau I. 3 sont les émissions provoquées par la combustion et qu'elles ne prennent pas en compte la consommation de CO_2 induite par les cultures agroalimentaires (tel le riz, le blé) et les forêts, … (cycle du CO_2).

Toutefois, si l'on cherche à minimiser les émissions de CO_2 et à maximiser l'énergie de combustion, il est clair que l'hydrogène apparaît comme étant le combustible idéal.

Chapitre I: pourquoi l'hydrogène

Tableau I. 2 Émissions de CO$_2$ dues à la combustion d'énergie dans le monde. Source [5]

en Mt CO$_2$ [1]	1990	2006	2007	Part 2007 (%)	Évolution (%) 2006-2007	Évolution (%) 1990-2007
Amérique du Nord	5 589	6654	6780	23,4	+1,9	+21,3
dont : Canada	432	538	573	2,0	+6,6	+32,5
États-Unis	4863	5698	5769	19,9	+1,2	+18,6
Amérique latine	604	978	1016	3,5	+3,8	+68,2
Dont : Brésil	193	333	347	1,2	+4,2	+79,8
Europe et ex-URSS	7944	6768	6747	23,3	-0,3	-15,1
Dont : UE à 27	4059	3988	3926	13,6	-1,5	-3,3
UE à 15	3088	3264	3200	11,0	-2,0	+3,6
dont : Allemagne	950	823	798	2,8	-3,0	-16,0
Espagne	206	332	345	1,2	+3,7	+67,5
France	352	378	369	1,3	-2,4	+4,9
Italie	398	455	438	1,5	-3,9	+10,0
Royaume-Uni	553	536	523	1,8	-2,4	-5,4
12 nouveaux États membres	972	724	727	2,5	+0,3	-25,2
dont : Russie	2180	1587	1587	5,5	+0,0	-27,2
Afrique	546	847	882	3,0	+4,1	+61,5
Moyen-Orient	588	1309	1389	4,8	+6,1	+136,1
Extrême-Orient	4 818	10 063	10 695	36,9	+6,3	+122,0
dont : Chine	2 244	5 645	6 071	21,0	+7,5	+170,6
Corée du sud	229	477	489	1,7	+2,6	+113,1
inde	589	1 244	1 324	4,6	+6,4	+124,7
japon	1 065	1202	1236	4,3	+2,9	+16,1
Océanie	281	428	432	1,5	+0,8	+53,6
Pays de l'annexe I [2]	13899	14149	14259	49,2	+0,8	+2,6
Pays hors annexe I	6471	12899	13681	47,2	+6,1	+111,4
Soutes internationales [3]	610	981	1022	3,5	+4,2	+67,4
Monde	20981	28028	28962	100,0	+3,3	+38,0

[1] Million de tonnes de CO$_2$ (données non corrigées des variations climatiques).
[2] Les 40 pays de l'annexe I de la Convention-cadre des Nations Unies sur les changements climatiques (CCNUCC) sont composés de pays développés et de pays en transition vers une économie de marché.
[3] Il s'agit des émissions des transports internationaux maritimes et aériens qui sont exclues des totaux nationaux.

Tableau I. 3 Chaleur de combustion et émissions de carbone associées aux combustibles fossiles. (tep : tonne équivalent pétrole)[6].

Combustible	Chaleur de combustion (kJ/g)	Emissions de Carbone /T.E.P
Charbon	29.085	0.9202
Pétrole	41.880	0.7669
Gaz naturel	50.490	0.5339
hydrogène	131.50	0.0000

I.2- La dépendance envers les énergies fossiles (pétrole): Contexte et enjeux

Le pétrole a longtemps été considéré comme une matière première abondante et bon marché. Les carburants pétroliers ont une concentration énergétique très élevée et leur transport est très aisé, ce qui les rend spécialement adaptés pour les transports (routier, maritime, aérien, ferroviaire).

L'instabilité a été une des caractéristiques de l'industrie pétrolière dès son origine. En effet, la concurrence entre les producteurs pour la récupération de la plus grande quantité possible de pétrole et l'arrivée de nouveaux producteurs sur le marché ne permettaient pas un rythme optimal de production, d'où plusieurs crises de surproduction. Les premières années de l'industrie pétrolière ont été qualifiées [7] de « boom and bust » (expansion et récession) marquées par une très forte volatilité des prix (cf. la figure I.3 pour le prix du pétrole).

La volatilité a récemment repris après une longue période de stabilité des prix (figure I.3). Entre juillet 2008 et janvier 2009, le pétrole est passé de 146,20\$ à 33,20\$ pour ensuite rebondir et atteindre 73,04\$ en Juin 2009. L'instabilité des prix affecte la mise en place des investissements nécessaires à l'industrie pétrolière pour renouveler la production et faire face à l'augmentation prévisible de la demande [8]. Elle a également un impact sur le développement des alternatives technologiques au pétrole. D'une manière générale, les grandes baisses de prix ont été associées à des craintes quant à l'évolution de la demande de pétrole en raison par exemple d'une crise économique (figure I. 3). Les fortes augmentations des prix du pétrole sont plutôt expliquées par le double effet de l'augmentation de la consommation et des insuffisances de l'offre, lesquels sont amplifiés par l'action de la spéculation.

Chapitre I: pourquoi l'hydrogène

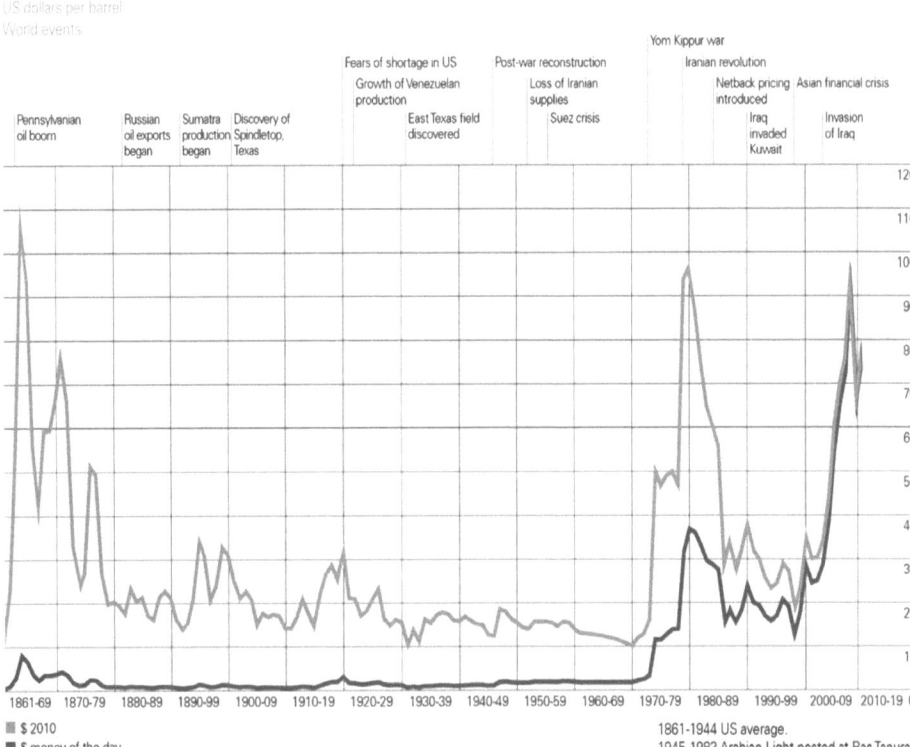

Figure I. 3 La fluctuation des prix du pétrole durant la période 1861-2010 [9].

L'ère du pétrole bon marché semble ainsi s'essouffler. La production de pétrole devient plus chère au fur et à mesure que les nouveaux gisements, dont la production est plus coûteuse, remplacent les anciens, arrivés en fin de vie.

De plus, les réserves de pétrole sont concentrées sur certaines zones géographiques, en particulier dans des régions politiquement instables du Moyen Orient, Afrique, Eurasie et Amérique Latine. Les principaux pays producteurs sont organisés en un cartel disposant des deux tiers des réserves mondiales et qui contrôle l'approvisionnement de 40% du marché mondial [10].

I.3. Evolution historique des transitions énergétiques: La transition vers l'hydrogène

Historiquement, le changement d'une source d'énergie dominante à une autre se fait d'un combustible plus riche en carbone vers un combustible plus riche en hydrogène. En effet, au milieu du 19ème siècle on a utilisé des sources solides (le bois et puis le charbon) dans la plupart des régions habitées dans monde (figure I. 4). Mais en Grande-Bretagne, où la densité de population et la consommation d'énergie ont augmenté rapidement, le bois a commencé à perdre sa place pour le charbon. Le charbon reste le roi du monde de l'énergie pour le reste du 19ème siècle et une bonne partie du 20ème siècle. Mais dès 1900, les avantages d'un système énergétique basé sur les fluides, plutôt que les solides, ont commencé à émerger: le réseau de transport a commencé à s'éloigner des chemins de fer vers les automobiles. Ce changement a créé des problèmes pour le charbon, avec son poids et son volume, en même temps ce changement a ouvert des perspectives pour le pétrole, qui présente une densité énergétique plus élevée et une facilité de transport par des pipelines et dans des réservoirs.

Au milieu du siècle dernier, le pétrole est devenu la source d'énergie numéro un au monde (figure I.4). Malgré les améliorations dans le domaine pétrolier, la distribution du pétrole est assez lourde. Le gaz naturel constitue une alternative avantageuse de par sa propreté et sa légèreté. Il brûle plus efficacement et peut être distribué par un réseau de canalisations qui est moins visible, plus efficace et plus étendu que celui utilisé pour le pétrole. En ce qui concerne l'utilisation, le gaz naturel est actuellement le combustible fossile ayant le plus fort taux de croissance. Il est devenu le combustible de choix pour la production d'électricité [11]. Le passage de carburants solides aux liquides et aux combustibles gazeux implique une autre forme de transition: le processus moins visible de la «décarbonisation». Du bois au charbon, au pétrole ou au gaz naturel, le rapport de l'hydrogène (H) et du carbone (C) dans la molécule de chaque source successive, a augmenté. Ce rapport se situe entre 1-3 et 1-

10 pour le bois, 1-2 pour le charbon; 2-1 pour le pétrole et 4 -1 pour le gaz naturel. Dans cette logique, le carburant qui suit de cette progression est l'hydrogène [11].

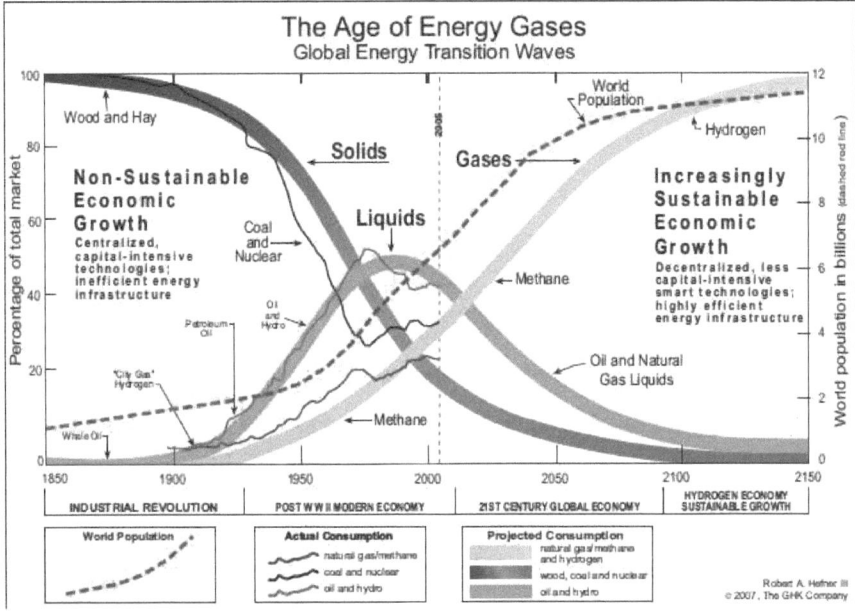

Figure I. 4 La chronologie des transitions dans le système d'énergie mondiale durant la période 1850-2150 [12].

Hefner [12] pense que nous entrons dans «l'ère de l'énergie des gaz» et que d'ici 2050 la consommation des énergies gazeuses dépassera le charbon et le pétrole. À la fin du 21e siècle, les énergies gazeuses - méthane et hydrogène - auront, comme le charbon à son apogée, plus de 75% du marché mondial de l'énergie.

I.4. Pourquoi l'hydrogène ?

L'hydrogène est une solution adaptée aux défis environnementaux et énergétiques (cités dans les paragraphes précédents: pollution – dépendance au pétrole – transition logique vers les combustibles gazeux) qui se posent actuellement [13,14]. L'hydrogène est un vecteur énergétique (comme l'électricité) et non pas une source primaire d'énergie.

L'utilisation d'un vecteur énergétique propre comme l'hydrogène offre une multitude d'avantages et cela sur plusieurs plans et, en particulier, sur le plan économique. L'hydrogène a le potentiel de remplacer l'utilisation des énergies fossiles dans différents usages (mobile, stationnaire ou portable), Les principaux avantages de l'économie de l'hydrogène sont :

I.4.1 Réduction des émissions polluantes : l'hydrogène est un vecteur énergétique zéro-émission du point de vue de l'utilisation (tableau I. 3). Il peut être une solution importante pour la réduction des émissions de gaz à effet de serre.

I.4.2 Pollution de l'air dans les villes est associée aux problèmes de santé provoqués par les particules, ozone et pluies acides. La mise en place de voitures utilisant des piles à combustible à hydrogène peut réduire drastiquement les émissions d'oxydes d'azote (NO_x) et de dioxyde de soufre (SO_2), ainsi que le bruit, responsable également de problèmes de stress et de santé.

I.4.3 Indépendance énergétique et sécurité d'approvisionnement : l'hydrogène peut être produit à partir de sources renouvelables domestiques comme l'éolien, le solaire ou la géothermie. Il peut être également produit à partir du charbon (source primaire plus abondante et mieux répartie que le pétrole) avec capture et séquestration du carbone.

I.4.4 Efficience énergétique : l'hydrogène permet un perfectionnement des performances au niveau de l'utilisation finale de l'énergie. Toutefois, c'est lorsqu'il est combiné avec les piles à combustible qu'il atteint le maximum d'efficience. L'hydrogène est le combustible idéal des piles à combustible (le moyen le plus efficace pour convertir l'énergie chimique en énergie électrique). L'hydrogène et la pile à combustible permettent de doubler le rendement énergétique du moteur à combustion [15].

I.4.5 Economie et emploi : l'industrie de l'hydrogène et des piles à combustible offre des biens et services à haute valeur ajoutée et l'investissement dans ce secteur peut entraîner des effets multiplicateurs dans l'économie en même temps qu'il engendre des emplois (l'industrie européenne des piles à combustible table sur la création de 500000 emplois en Europe à l'horizon 2030 [16]).

I.5. L'hydrogène

I.5.1 Propriétés générales

L'hydrogène a été découvert par Henry Cavendish. En effet, en 1766 il présente devant la Société Royale de Londres, un premier mémoire intitulé *On Factitious Airs* (« Sur les airs factices »). Il y établit l'existence de gaz autres que l'air, et montre que *inflamable air*, « air inflammable » (l'hydrogène) qu'il a isolé le premier, pèse dix fois moins que l'air atmosphérique (*common air*, « air commun »).

Le chimiste français Lavoisier ayant confirmé les expériences de Cavendish, propose en 1783 le mot « hydrogène » pour remplacer l'expression « air inflammable ». Ce mot est formé avec le préfixe *hydro* (du grec « eau») et du suffixe *gène* (du grec « engendrer »), donc le mot hydrogène signifie « générateur d'eau ». En effet, l'anglais Cavendish fut le premier chimiste à démontrer que, lorsque l'hydrogène et l'oxygène sont combinés, ils forment de l'eau.

L'hydrogène est l'élément le plus abondant de l'univers : 75 % en masse et 92 % en nombre d'atomes. Il est présent en grandes quantités dans les étoiles, les planètes gazeuses, il est aussi le composant principal des nébuleuses et du gaz interstellaire. Sur Terre, la source la plus commune d'hydrogène est l'eau dont la molécule est constituée de deux atomes d'hydrogène et d'un atome d'oxygène.

L'hydrogène est un métal (i.e. cristallise et forme des liaisons métalliques) solide à basse température à 14.01 K [17]. Il est d'ailleurs situé dans la colonne des métaux alcalins dans la classification périodique. Toutefois, comme à l'état naturel il est gazeux, il n'est pas considéré en chimie comme métallique. Parmi les caractéristiques qui font de l'hydrogène un important vecteur énergétique pour le futur, on peut noter que :

(i) l'hydrogène est un élément chimique simple, léger (plus léger que l'air), stable, peu réactif à température ambiante.

(ii) il est facile à transporter.

(iii) il peut être produit en quantités presque illimitées.

L'hydrogène est un gaz très volatil, incolore, inodore, insipide et non-polluant. Du fait de sa légèreté, l'hydrogène est caractérisé par une diffusivité élevée et de ce fait il présentera moins de risques d'accumulation qu'un gaz « lourd » comme le gaz naturel. Le tableau I.4 rassemble les principales caractéristiques chimiques et physiques de l'hydrogène. L'hydrogène possède un haut pouvoir énergétique gravimétrique : 120 MJ/kg comparé au pétrole (45 MJ/kg), au méthanol (20 MJ/kg) et au gaz naturel (50 MJ/kg). Cependant, c'est aussi le gaz le plus léger (2,016g/mol H_2), d'où un faible pouvoir volumétrique: 10,8 MJ/m^3 face au méthanol (16 MJ/m^3), gaz naturel (39,77 MJ/m^3).

Tableau I. 4 Principales caractéristiques chimiques et physiques de l'hydrogène.

Masse atomique	1,0079 g/mol
Température de solidification	14 K
Température d'ébullition	20,3 K
Densité liquide à (20,3 K)	70.79 kg/m^3
Densité gazeuse à (20,3 K)	1.34 kg/m^3
Température de flamme dans l'air	2318 K
Limites d'inflammabilité dans l'air	4-75 (%vol)
Limites de détonabilité dans l'air	13-65 (%vol)
Densité gazeuse à (273 K)	0.08988 kg/m^3
Température d'auto inflammation dans l'air	858 K
Energie d'évaporation	445 kJ/kg
Energie de liquéfaction	14112 kJ/kg
PCI (Pouvoir calorifique inférieur)	120 MJ/kg
PCS (Pouvoir calorifique supérieur)	142 MJ/kg
Cp (20°C)	14,3 kJ/kg K
Cv (20°C)	10,3 kJ/kg K
Energie d'inflammation	0,020 mJ

Ceci pose un véritable problème de stockage et de transport: que ce soit pour l'utilisation de l'hydrogène dans un véhicule ou pour le transport en pipeline, car c'est la densité volumétrique qui importe. La densité énergétique volumétrique de H_2 n'est intéressante qu'à l'état liquide ou comprimé (700 bars).

Notons que l'hydrogène jouit d'une mauvaise image auprès du grand public, car considéré comme un gaz dangereux. On peut y voir un syndrome de l'Hindenburg, dirigeable qui s'écrasa en 1937 dans le New Jersey (USA) et dont l'accident a longtemps été imputé à l'hydrogène qui était alors utilisé pour gonfler les dirigeables et autres ballons sondes. Des recherches ont cependant montré que cet accident n'était pas dû à l'hydrogène mais à l'inflammabilité de l'enveloppe du dirigeable [18-19].

I.5.2. Production de l'hydrogène

En 2005, la demande mondiale en énergie primaire exprimée en tonnes d'équivalent pétrole (tep) a été, selon le World Energy Outlook 2007 [20], de l'ordre de : 11,4 milliards de tep.

Poussée par l'augmentation de la consommation dans les pays en voie de développement, elle augmente à un rythme voisin de 1,7 % par an, ce qui pourrait conduire à son doublement à l'horizon 2050. Le détail par source d'énergie primaire pour l'année 2005 [20] est donné dans le tableau I. 5.

Tableau I. 5 La consommation des énergies en 2005 [20].

Origine des consommations d'énergie primaire en 2005 (en millions de Tep)	Mtep	%
Pétrole	4000	35
Charbon	2900	25
Gaz naturel	2350	21
Nucléaire	720	6
Hydraulique	250	2
Renouvelables	1200	11
Consommation totale	11420	100

La production de l'hydrogène représente aujourd'hui 630 Milliards de Nm^3 (0.2 Milliards de tep), ce qui signifie que la production actuelle d'hydrogène ne couvrirait que 1,7% de la demande. Il y a donc de nombreux efforts à faire dans le domaine de la production en masse de l'hydrogène pour que celui ci atteigne une part significative.

L'hydrogène est utilisé essentiellement dans l'industrie chimique pour produire des acides (H_2SO_4, HNO_3, ...) et de l'ammoniaque (NH_3). La production de l'hydrogène devra fortement augmenter pour satisfaire les nouveaux besoins énergétiques.

L'hydrogène peut être produit à partir de plusieurs sources différentes. Toutefois, actuellement, l'hydrogène est produit en majeure partie à partir du reformage d'hydrocarbures. Le choix du procédé de fabrication de l'hydrogène se fait en fonction de nombreux critères : type d'énergie primaire disponible, pureté, débits, ...

Les principales méthodes de production actuelles sont :

I.5.2.1- La production d'hydrogène à partir de carburants fossiles

a- vaporeformage

Le reformage à la vapeur consiste à transformer les charges légères d'hydrocarbures en gaz de synthèse (mélange H_2, CO, CO_2, CH_4, H_2O et autres impuretés) par réaction avec la vapeur d'eau sur un catalyseur au nickel.

Le gaz de synthèse est produit par vaporéformage, à 800 - 900°C et à 3,3 MPa, selon la réaction:

$$CH_4 + H_2O \Longleftrightarrow CO + 3H_2$$

L'enthalpie de réaction à 298 K est de + 206,1 kJ/mole

Cette réaction, très endothermique, nécessite un apport continu d'énergie. Le mélange gazeux circule dans des tubes, chauffés extérieurement, contenant le catalyseur [21-22].

Le CO du gaz de synthèse est ensuite transformé, par conversion, en CO_2 avec production complémentaire de H_2, selon la réaction suivante :

$$CO + H_2O \Longleftrightarrow CO_2 + H_2$$

L'enthalpie de réaction à 298 K est égale à - 41 kJ/mole.

Ces procédés de vaporéformage sont mûrs techniquement, des unités produisant de 20 à 100.000 m^3/h existent déjà avec un rendement énergétique de 65% en moyenne. Le prix de l'hydrogène produit dépend du prix du gaz naturel et des coûts d'investissement. Il est de 330 €/h en moyenne (entretien, personnel, frais généraux et assurances). Les coûts les plus importants sont les coûts d'investissement, la part des prix liés au carburant augmente pour les grosses installations. Du fait que le prix du gaz reste en fluctuation continue, il est important de prendre ce facteur en considération. Toutefois, l'hydrogène produit à partir du gaz naturel reste le procédé le moins cher. Mais son prix de revient reste le triple de celui du gaz naturel.

Aussi, il faut noter que la production d'hydrogène par reformage a l'inconvénient de rejeter du gaz carbonique (CO_2) dans l'atmosphère, principal responsable de l'effet de serre.

b La production d'hydrogène par oxydation partielle

L'oxydation partielle peut être effectuée sur des produits plus ou moins lourds allant du gaz naturel aux résidus lourds, au charbon ou à la biomasse. D'un point de vue économique, l'utilisation de ces charges lourdes pour une production d'hydrogène ne se justifie que lorsque le surcoût d'investissement par rapport au vaporéformage est compensé par le moindre coût de la matière première, résidus pétroliers lourds, coke de pétrole ou charbon par exemple [23]. A haute température (classiquement de 900 à 1500 °C) et à pression élevée (classiquement 20 à 60 bars), en présence d'oxygène en tant qu'oxydant et d'un modérateur de température (la vapeur d'eau), l'oxydation partielle des hydrocarbures conduit, à l'instar du vaporéformage, à la production de gaz de synthèse. En revanche, la réaction est exothermique et se déroule (en général) sans catalyseur [23].

c. Le reformage autotherme

Le reformage autotherme est une combinaison des deux procédés précédents puisque le carburant est mélangé avec de l'air et de l'eau. L'oxydation partielle est exothermique et la chaleur dégagée permet de fournir de la chaleur au vaporéformage qui est une réaction endothermique. Au total on n'a donc pas besoin d'apport de chaleur. Le mélange produit doit être purifié du CO.

Ce procédé permet d'atteindre une très bonne efficacité et peut être utilisé pour plusieurs carburants: le gaz naturel, le méthanol ou des hydrocarbures.

I.5.2.2 L'électrolyse de l'eau

Ce processus repose sur le fait que l'énergie électrique permet de dissocier la molécule d'eau en ses deux éléments constitutifs. La décomposition de l'eau par électrolyse s'écrit de manière globale:

$H_2O \rightarrow H_2 + \frac{1}{2} O_2$

Avec une enthalpie de dissociation de l'eau $\Delta H = 285$ kJ/mole

Cette décomposition nécessite un apport d'énergie électrique, dépendant essentiellement de l'enthalpie et de l'entropie de réaction. Le potentiel théorique de la décomposition est de 1.481 V à 298 K. Les valeurs classiques des potentiels de cellules industrielles sont de l'ordre de 1.7 à 2.1 V, ce qui correspond à des rendements d'électrolyse de 70 à 85 %. La consommation électrique des électrolyseurs industriels (auxiliaires compris) est généralement de 4 à 6 kWh/Nm^3, et il convient d'éliminer en permanence la chaleur dégagée liée aux irréversibilités [24].

L'utilisation de sources d'énergie renouvelables et propres, telles que l'hydroélectricité, l'énergie éolienne et l'énergie solaire, comme source d'électricité, présente des avantages sur le plan environnemental. Le coût de l'hydrogène produit par électrolyse est d'abord et avant tout lié à celui de l'électricité et à son mode de production. La ressource est, à priori, illimitée (l'eau) et ne produisant pas de CO_2 lors de sa combustion.

I.5.2.3 La gazéification de la biomasse

La production d'hydrogène à partir de la biomasse repose principalement sur le procédé de gazéification thermique par lequel des composés organiques tels que le bois, les produits agricoles, les déchets urbains se décomposent principalement en hydrogène et monoxyde de carbone. Dans ce cas, l'émission de CO_2 est équivalente à celle qui est nécessaire pour sa regénération, l'écobilan est de ce fait à peu prêt nul.

I.5.2.4 La gazéification du charbon

Source principale d'H_2 avant l'utilisation du gaz naturel. Elle est très peu utilisée actuellement (sauf en Afrique du Sud ou en Chine), car l'obligation de traiter de grandes quantités de cendres rend aujourd'hui cette technologie fort coûteuse en investissements. Cependant, elle permet de produire de l'électricité et des sous produits comme l'hydrogène, en mélangeant le charbon à de l'eau et de l'air à 1000°C et sous haute pression ; il est ensuite envoyé sur un catalyseur, généralement du nickel, pour obtenir un gaz contenant en majorité du CO et de l'hydrogène selon la réaction

$$C + H_2O \longleftrightarrow CO + H_2$$

Enthalpie de réaction à 298K = +131 kJ/mole.

Cette réaction endothermique nécessite un soufflage de dioxygène pour fixer la température par combustion du carbone. Le rendement électrique peut atteindre les 45%.

I.5.2.5 La photobiologie

Les organismes photosynthétiques, comme certaines algues vertes unicellulaires ou cyanobactéries, possèdent l'avantage de produire de l'hydrogène à partir de l'énergie solaire [25], en utilisant l'eau comme donneur d'électrons et de protons sans le dégagement parallèle de gaz à effet de serre (CO_2) inhérent aux autres organismes hétérotrophes. Dans ce cas, un procédé totalement propre basé sur la photosynthèse peut être envisagé, avec comme source d'énergie les deux plus importantes ressources de notre planète, l'eau et le soleil. Cette voie reste « confidentielle » à l'heure actuelle, mais pourrait être amenée à se développer considérablement dans un avenir proche. Des recherches sont actuellement conduites sur des micros algues (notamment sur la Chlamydomonas) [25] et les résultats semblent prometteurs.

I.5.2.6 La production à partir de l'énergie nucléaire

Les réacteurs nucléaires présentent l'avantage de produire de la chaleur, sans émission de gaz à effet de serre. Bien qu'ils aient été jusqu'à présent presque

Chapitre I: pourquoi l'hydrogène

exclusivement dédiés à la production d'électricité, ils font, depuis quelques années, l'objet de réflexions et de vérifications expérimentales, notamment dans le cadre du « Generation IV International Forum » [26] pour des utilisations alternatives, notamment pour la production d'hydrogène [27]. Au cours des prochaines décennies, le développement de la production d'hydrogène pourrait s'orienter vers les créneaux suivants :

(i) électrolyse de l'eau en utilisant la capacité électrique excédentaire pendant les heures creuses.

(ii) utilisation de la chaleur des réacteurs nucléaires pour le reformage à la vapeur du gaz naturel.

(iii) électrolyse à haute température de la vapeur à l'aide de la chaleur et de l'électricité produite par les réacteurs nucléaires.

(iv) production thermochimique à haute température à l'aide de la chaleur des réacteurs nucléaires.

Les points (iii) et (iv) sont ceux qui connaissent le plus gros effort de recherche actuellement.

I.5.3. Transport de l'hydrogène

Les modalités de transport de l'hydrogène varient avec son mode de production.

1- **Sous forme gazeuse**, il est transporté par gazoduc.

L'utilisation industrielle de l'hydrogène dans le secteur chimique à grande échelle a débuté par la construction d'un pipeline d'hydrogène dans la Ruhr en 1938, exploité encore aujourd'hui par la société Air Liquide. Il existe plusieurs milliers de kilomètres de pipelines consacrés à l'hydrogène en exploitation dans le monde. Or, malgré des fuites ou ruptures occasionnelles, il n'y a jamais eu, à ce jour, de blessés ou de dégâts matériels dûs à ces canalisations, et ce en partie du fait des caractéristiques propres à l'hydrogène telles que sa dissipation rapide dans l'air. Le développement possible de pipelines dans lesquels l'hydrogène serait transporté sous de plus fortes pressions fait l'objet de recherche et de développement de nouveaux standards et normes de sécurité [28]. Il n'y a donc pas d'obstacles techniques majeurs

Chapitre I: pourquoi l'hydrogène

pour le développement d'infrastructures basées sur des pipelines à hydrogène pour répondre aux besoins de développement de l'hydrogène-énergie.

2- **Sous forme liquide**, l'hydrogène peut être transporté par :
1. Route: le transport de l'hydrogène liquide par camions est courant pour l'alimentation de clients industriels. L'hydrogène est contenu dans des réservoirs cryogéniques cylindriques à l'image des camions citernes transportant des liquides. Ces véhicules peuvent transporter jusqu'à 3.5 t d'hydrogène liquide pour un poids total de 40 t. Quand il est utilisé en grandes quantités comme substance chimique de base (industrie pétrolière, synthèse de l'ammoniac), l'hydrogène est en général acheminé par gazoduc, le transport sous forme liquide par camions étant plutôt réservé à des applications nécessitant des petites quantités (industries du verre, électronique , …)..
2. Mer: le fait que l'hydrogène liquide soit dense et que les réservoirs cryogéniques le contenant peuvent avoir de très importantes capacités suggère assez naturellement le transport par mer depuis les lieux pouvant avoir une grande capacité de production à ceux de forte consommation.

I.5.4 Stockage de l'hydrogène

Le stockage est l'un des verrous technologiques pour l'utilisation de l'hydrogène en tant que vecteur d'énergie. Il doit permettre d'une part un haut degré de sécurité et d'autre part, des facilités d'usage en termes de capacités de stockage et de dynamique de stockage/déstockage pour permettre à différentes applications de fonctionner dans des conditions techniques acceptables. Pour que l'hydrogène devienne une solution fiable aux problèmes posés par les besoins énergétiques à l'environnement, les procédés de stockage devront donc être sûrs, économiques et adaptés à une multitude d'utilisations dans le futur telles : les applications mobiles pour le transport et les dispositifs portables ou stationnaires.

L'hydrogène peut être stocké de trois manières différentes : sous formes gazeuse, liquide ou solide. Ces trois méthodes de stockage diffèrent par leurs densités

volumiques et gravimétriques et aussi par leurs aspects sécuritaires et leurs coûts. Les différents modes de stockage de l'hydrogène sont donc:
- Sous pression (de 200 à 700 bars);
- Liquéfié (T < 20,4 K);
- Solide :
(i) dans des hydrures dans lesquels l'hydrogène est absorbé (chimisorption)
(ii) dans des composés carbones (i.e. charbon actif, nanofibres et nanotubes de carbone) dans lesquels l'hydrogène est adsorbé (physisorption).

I.5.4.1. Le stockage sous pression (état gazeux)

Le stockage sous forme comprimée est l'un des plus utilisés actuellement, l'hydrogène peut être stocké à température ambiante et sous pression, il est alors à l'état gazeux et sa densité est faible. Par exemple, à 350 bars, elle est de 23.66kg.m^{-3}, ce qui correspond à 933kWh [29]. Le poids du réservoir, d'environ 500 kg, et son encombrement (volume de 1 m^3) destinent ce type de stockage à des applications fixes et non pas à l'automobile. L'hydrogène peut être stocké dans des bouteilles de 10 litres jusqu'à des réservoirs de 10000 m^3. Les bouteilles commercialisées actuellement (50 litres) permettent un stockage jusqu'à 350 bars. Il existe des réservoirs ronds ou cylindriques. Le réservoir est fait d'alliages métalliques très résistants à la corrosion. Pour réduire davantage le poids, on tente d'introduire des polymères et des fibres de carbone dans la structure.

L'intérêt de stocker l'hydrogène sous pression réside dans le fait que l'on possède une grande maîtrise de la technologie et que le remplissage est très rapide. Dans le même temps les principaux inconvénients dont souffre cette technique sont [30]

(i) sa faible densité volumétrique,

(ii) pour le stockage à hautes pressions, l'adaptation des auxiliaires: valves, capteurs, détendeurs, etc....

I.5.4.2. Stockage liquide

L'hydrogène se liquéfie en dessous de 20 K à pression atmosphérique. Dans ces conditions, le liquide est 800 fois plus dense que le gaz à température ambiante et selon le type de réservoir cryogénique utilisé une capacité massique de l'ordre de 6.5 % est obtenue pour le système complet. Toutefois, ce mode de stockage requiert une grande quantité d'énergie pour le refroidissement (25% de l'énergie de combustion de l'hydrogène).

D'importants développements technologiques ont été réalisés pour maîtriser le stockage de l'hydrogène à une température aussi basse. En effet, l'hydrogène va se réchauffer ce qui aura pour effet d'augmenter la pression au dessus du liquide (pression de vapeur saturante). Afin de limiter cette surpression, on crée une fuite dynamique (phénomène de « boil-off »). Toutefois, cette fuite se traduit par une perte d'hydrogène qui est de l'ordre de 1 à 2% par jour. Pour éviter les pertes thermiques par convection, le réservoir à une double paroi, avec entre les deux parois un espace contenant des super isolants ou de l'air liquide (l'un des meilleurs pouvoirs isolants). Les réservoirs sont en acier ou en matériaux composites pour réduire leur masse. La densité de l'hydrogène à l'état liquide à une température de 20K et une pression de 1 bar est de 71,1 kg/m^3 (i.e. 1 kg d'hydrogène occupe un volume de 13 L), ce qui est bien supérieure à celle de l'hydrogène gazeux sous pression. Les avantages de ce mode de stockage de l'hydrogène sont :

(i) le réservoir nécessite moins de place qu'un réservoir sous pression.

(ii) le remplissage est une technologie maîtrisée avec des stations services spécialisées existantes (ex : développées avec l'aide de l'industrie spatiale qui est la principale utilisatrice d'hydrogène liquide).

Le stockage liquide pose un certain nombre de problèmes difficiles à résoudre. En premier lieu, ce procédé nécessite des réservoirs cryogéniques à très forte isolation thermique ce qui pénalise à la fois le volume et le poids de ce mode de stockage et ne permet pas d'empêcher les pertes thermiques inévitables à 20 K. D'autre part, pour des raisons de sécurité évidentes, les réservoirs sont conçus avec une architecture "ouverte" contrôlant une éventuelle montée en pression du système en cas de vaporisation du gaz. Ceci se traduit par des pertes importantes par évaporation d'une partie de l'hydrogène (phénomène de boil-off) qui peut atteindre 1% par jour. Ce phénomène n'est pas non plus sans conséquence sur la sécurité pour les systèmes de stockage utilisés en milieux confinés. Enfin, le coût énergétique de la liquéfaction est très important. Il dépend essentiellement de la capacité de production de l'usine de liquéfaction mais peut atteindre 50% du PCI (Pouvoir Calorifique Inférieur) de l'hydrogène ce qui rend ce système de stockage peu rentable sur le plan énergétique [31].

I.5.4.3 Le stockage solide
a. Adsorption sur des matériaux carbonés

Le charbon activé s'est avéré avantageux pour le stockage, car il est peu coûteux et la densité d'hydrogène adsorbée est bien établie. Toutefois, pour être efficace, il doit être porté à la température de l'azote liquide, ce qui n'est pas l'idéal. Des nanostructures telles que les nanotubes de carbone à paroi simple offrent une piste de solution intéressante car ils ont démontré une capacité de stockage élevée à des pressions et des températures proches de la normale. A température et pression ambiantes, on atteint des densités énergétiques de 0,5 % massique, mais à très basses températures (-186°C) et hautes pressions (60 bars), on peut atteindre des densités de l'ordre 8% massique [30]. Plus récemment, les recherches se sont orientées vers les possibilités de stockage dans les nanofibres et nanotubes de carbone [32].

Les nanotubes de carbone sont obtenus par l'enroulement cylindrique d'une partie d'un plan basal de graphite, les parois contiennent des atomes de carbones à une distance de 1,42 Å les uns des autres. Comme l'intérieur des nanotubes est constitué de pores microscopiques, l'hydrogène est adsorbé en surface, en étant retenu par des forces de Van der Waals (liaisons faibles). Le stockage est alors avantageux à basses températures et à hautes pressions. En pratique, il faut trouver une façon de modifier ces matériaux pour améliorer leur performance et ainsi se rapprocher des critères exigés par l'industrie. Pour le moment, les nanomatériaux restent des composants de prédilection pour les piles à combustible destinés notamment à des applications dans le secteur de l'automobile.

b) Les hydrures

Certains éléments ont la propriété de former des liaisons (covalentes ou ioniques) avec l'hydrogène, permettant ainsi son stockage puisque le phénomène est réversible sous certaines conditions opératoires. Il s'agit par exemple du palladium Pd, du magnésium Mg, de $ZrMn_2$, $Mg2Ni$ ou d'alliages comme FeTiH, $LaNiH_6$, Mg-Mg_2Ni. Ces composés, obtenus par réactions directes de certains métaux ou alliages métalliques avec l'hydrogène, sont capables d'absorber l'hydrogène et de le restituer lorsque cela est nécessaire. Ces matériaux sont très étudiés depuis plusieurs années et les critères de sélection d'un hydrure métallique pour le stockage de l'hydrogène dépendent bien entendu de l'application envisagée (mobile, transports, objet portatif…, stationnaire ou fixe) et de son environnement (thermique….). Ces matériaux doivent surtout posséder une capacité massique d'absorption élevée, une cinétique d'absorption/désorption rapide. Ce mode de stockage sera détaillé dans le chapitre suivant.

I.5.5 Utilisation

Aujourd'hui, l'hydrogène est largement utilisé dans l'industrie chimique et pétrochimique pour la synthèse de l'ammoniac, de l'acide sulfurique, du peroxyde d'hydrogène et de l'acide nitrique. Il est aussi utilisé en métallurgie, en électronique, en pharmacologie, en industrie alimentaire (pour le traitement des produits agroalimentaires ; ex : les matières grasses hydrogénées), dans l'industrie verrière. A l'état liquide, il est utilisé comme carburant dans les navettes spatiales. Toutefois, l'hydrogène présente un nouvel intérêt dans le domaine des transports et il permet également la production d'électricité via les piles à combustible.

Pour l'utilisation de l'hydrogène, il y a deux écoles qui s'opposent [6] et qui préconisent une

(i) utilisation directe comme combustible dans un moteur à combustion interne (l'avantage est que l'on conserve la technologie et les avantages du moteur à explosion. L'inconvénient est que l'on conserve également le mauvais rendement (i.e. 40%) d'un moteur thermique) ;

(ii) utilisation dite indirecte pour produire de l'énergie électrique ou thermique via une pile à combustible (PAC) (avantages: un excellent rendement des PAC (>80%) ; inconvénient: le coût des PAC et l'absence de véritable commercialisation grand public).

Références

[1] Groupe Intergouvernemental d'experts sur l'Evolution du Climat (GIEC), Climate Change 2007: Synthesis Report. Summary for Policymakers. An Assessment Report of the Intergovernmental Panel on Climate Change. Approved in detail at IPCC Plenary XXVII (Valencia, Spain, 12-17 November 2007). http://www.ipcc.ch/pdf/assessment-report/ar4/syr/ar4_syr_fr.pdf.

[2] J.T. Houghton, Y. Ding, D.J. Griggs, M., Noguer, P. J. Van der Linden, X. Dai,, K. Maskell, C. A. Johnson: Climate Change 2001: The Scientific Basis; contribution of Working Group I to the Third Assessment Report of the Intergovernmental Panel on Climate Change, Cambridge University 2001 Press, p 881.

[3] J.G.J. Olivier, J.J.M. Berdowski, Global emissions sources and sinks. In: Berdowski, J., Guicherit, R. and B.J. Heij (eds.) "The Climate System", pp. 33-78. A.A. Balkema Publishers/Swets & Zeitlinger Publishers, Lisse, The Netherlands. ISBN 90 5809 255 0.

[4] Groupe d'Experts Intergouvernemental sur l'Evolution du Climat (GIEC), «The Physical Science Basis », chapter 2, page 212: Changes in atmospheric constituents and in radiative forcing, Working Group I to the Fourth Assessment Report of the IPCC, 2007

[5] Agence Internationale d'Energie: world energy outlook2009, OCDE, ISBN 978-92-64-06130-9, paris, 2009

[6] Cristina Stan, thèse de doctorat, de l'Université de Bordeaux et de l'Université Polytechnique de Bucarest, 2008

[7] D. Yergin, The Prize: The Epic Quest for Oil, Money and Power, Touchstone Books, 1991.

[8] J. Percebois, Economie de l'Energie, édition Economica, Paris, 1989.

[9] B.P statistical review of world energy, June 2011. http://www.bp.com/statisticalreview.

[10] Agence Internationale d'Enrgie: World Energy Outlook 2008, OCDE, ISBN: 978-92-64-04560-6, Paris, 2008.

[11] Seth Dunn, International Journal of Hydrogen Energy 27 (2002) 235–264.

[12] Robert A. Hefner III, The Age of Energy Gases: China's Opportunity for Global Energy Leadership, The GHK Company Oklahoma City, Oklahoma USA, 2007.

[13] W. McDowall, M. Eames, International Journal of Hydrogen Energy 32 (2007) 4611-4626.

[14] Carl-Jochen Winter, International Journal of Hydrogen Energy 34 (2009) S1-S52.

[15] Agence Internationale d'Enrgie, Prospects for Hydrogen and Fuel Cells, OCDE/AIE, ISBN: 92-64-109-579, Paris, 2005.

[16] Commission Européenne Direction Générale de Recherche (2007), «Third Status Report on the European Technology Platforms» : ftp: // ftp.cordis.europa.eu/pub/technology platforms/docs/etp3rdreport_en.pdf.

[17] James Dewar, « Sur la solidification de l'hydrogène », dans Annales de Chimie et de Physique. 18 (1899) 145–150.

[18] A. Bain, Colorless, nonradiant, blameless: A Hindenburg disaster study, Gasbag Journal/Aerostation (39: March), 9-15 Aerostation Section, 1999.

[19] A. Bain, The Freedom Element: Living with Hydrogen ISBN: 978-1878398970, Blue Note Books, 2004.

[20] Agence Internationale d'Energie : world energy outlook 2007, OCDIE, ISBN: 978-92-64-02730-5, Paris, 2007.

[21] C. Raimbault « L'hydrogène industriel : synthèse, purification », L'actualité chimique, Mai 1997.

[22] C. Baudouin, S. His, J. P. Jonchère. clefs CEA ,N° 50/51, hiver 2004-2005.

[23] D. Ballerini, N. Alazard-Toux, « Les biocarburants: état des lieux, perspectives et enjeux du développement » ISBN 978-2710808695, Editions Technip 2006.

[24] A. Damien, « Hydrogène par électrolyse de l'eau »,, J6366, Techniques de l'Ingénieur, 1992.

[25] S. Chader, H. Hacene, S. N. Agathos, Int. J. Hydrogen. Energy 34 (11) 2009 (4941-4946).

[26] F. Carré, Hydrogen from nuclear, Communication présentée à la 1ière EHEC. Grenoble- Septembre 2003.

[27] K. Verfondern. Hydrogen as an energy carrier and its production by nuclear power (IAEA-TECDOC-1085). International Atomic Energy Agency -IAEA-. Vienna, May 1999.

[28] M.H. Alencar, A.T. de Almeida, International Journal of Hydrogen Energy, 35 (2010) 3610-3619.

[29] H. Derbal, M. Belhamel et A. M'Raoui, L'hydrogène, vecteur énergétique solaire, Revue des Energies Renouvelables ICRESD-07, Tlemcen (2007) 235-247.

[30] J. Labbé, L'Hydrogène électrolytique comme moyen de stockage d'électricité pour systèmes photovoltaïques isolés, thèse doctorat Ecole des Mines de Paris (2006).

[31] Pierre Hollmuller, Bernard Lachal,. Franco Romerio, Willi Weber, Jean-Marc Zgraggen, « L'hydrogène future vecteur énergétique ? » Colloque du cycle de formation du Cuepe 2004-2005 Université de Genève.

[32] F. Lamari Darkrima, P. Malbrunota , G.P. Tartaglia, Review of hydrogen storage by adsorption in carbon nanotubes, International Journal of Hydrogen Energy 27 (2002) 193–202.

Chapitre II
Stockage d'hydrogène dans les hydrures

Chapitre II : Stockage d'hydrogène dans les hydrures

Introduction

Nous avons vu dans le premier chapitre que l'épuisement progressif des sources d'énergie traditionnelles et l'augmentation néfaste de l'effet de serre engendré par les combustibles fossiles, ont poussé les scientifiques à avoir recours à de nouvelles énergies (nucléaire et renouvelable) non polluantes. Il se trouve que l'hydrogène, l'élément le plus abondant dans l'univers, est le candidat incontesté pour jouer un rôle déterminant dans le développement d'un nouveau système énergétique à long terme. Mais son utilisation comme carburant est confrontée à plusieurs obstacles technologiques qui nécessitent d'être surmontés. Le stockage est l'un des plus importants verrous technologiques qui ont limité le domaine d'application d'hydrogène. Actuellement, l'hydrogène est stocké et disponible à l'état gazeux, liquide ou sous la forme d'hydrures (cf. le chapitre précédent). Les techniques de stockages classiques telles que les réservoirs à gaz sous pression ou les réservoirs cryogéniques liquéfiés ont prouvé leur incapacité à satisfaire la demande de la société en terme de développement durable.

En effet, le stockage sous forme liquide à 20 K (-253 °C) sous 10 bars (1 Mpa) permet d'atteindre des densités volumiques et massiques intéressantes mais nécessite des réservoirs à l'isolation thermique poussée afin de minimiser l'évaporation. Le stockage sous forme comprimée (actuellement à 350 bars) permet d'atteindre une densité massique satisfaisante avec des réservoirs composites. La densité volumique de stockage reste faible: une pression de 700 bars (70 MPa) est inévitable pour rendre cette technologie compétitive. Par conséquent, les chercheurs essaient de mettre au point de nouveaux dispositifs en prenant bien évidemment en compte les aspects coût, environnement, fiabilité et rendement énergétique.

II.1 Pourquoi les hydrures ?

Les hydrures ou éponges à hydrogène sont des alliages ayant la capacité d'absorber spontanément l'hydrogène qui est ensuite restitué en chauffant le composé. La plupart des éléments métalliques forment des hydrures, mais les

Chapitre II : Stockage d'hydrogène dans les hydrures

matériaux les plus favorables au stockage de l'hydrogène doivent satisfaire aux critères suivants :
- Une grande capacité d'absorption de l'alliage.
- Une faible pression d'équilibre pour une température voisine de la température ambiante.
- Un enthalpie de formation exothermique peu élevée.
- Une vitesse de réaction rapide car le cas contraire conduit à un chargement incomplet en hydrogène, donc une diminution de la capacité de stockage.
- Une bonne résistance au vieillissement.
- Un coût du métal ou de l'alliage utilisé modéré.

Depuis des années plusieurs hydrures ont fait l'objet de nombreuses recherches. Dans le tableau II.1 nous avons regroupé les propriétés de stockage de quelques hydrures métalliques les plus étudiés. Nous avons également rapporté les mêmes caractéristiques pour l'hydrogène gazeux et l'hydrogène liquide.

Tableau II 1 : les propriétés du stockage dans les hydrures intermétalliques comparées à l'hydrogène liquide et gazeux [1-2]

Hydrure	Densité en hydrogène		Densité en énergie	
	% massique	g/dm^{-3}	MJ.Kg^{-1}	MJ.Kg.dm^{-3}
H_2 gazeux (100 bars)	100	7	14.0	1
H_2 liquide (20 K)	100	70	141.0	10
$LaNi_5H_{6.7}$ (2 bars, 298 K)	1.37	89	2.0	12.7
$FeTiH_{1.95}$ (5 bars, 303 K)	1.75	96	2.5	13.5
MgH_2	7	101	9.9	14.0
$ZrNiH_3$	1.95	125	2.0	15.6
Mg_2NiH_4 (1 bar, 555 K)	3.7	90	6.0	17.0

Le tableau II.1, indique que l'intérêt des hydrures métalliques est dû essentiellement à leur capacité volumique d'absorption élevée qui est deux fois

Chapitre II : Stockage d'hydrogène dans les hydrures

supérieure à celle de l'hydrogène liquide ou de l'hydrogène gazeux sous pression de 100 bars. Pour mieux illustrer le tableau précédent, Schlapbach et Zûttel [3] ont calculé les différents volumes correspondant aux possibilités de stocker 4 kg d'hydrogène pour alimenter une PAC (pile à combustible) afin de parcourir 400 km. Les résultats présentés sur la figure II.1, montrent tout l'intérêt du stockage « solide » lorsque la priorité est donnée à la densité volumique.

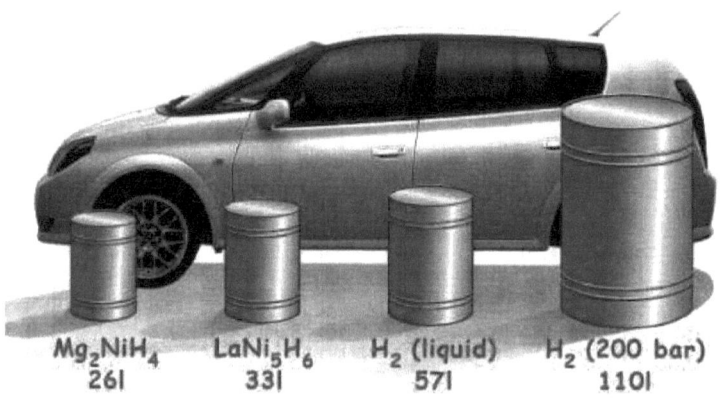

Figure II 1: Le volume d'hydrogène correspondant à 4 kg nécessaire à alimenter une voiture électrique pour parcourir 400 km [3].

Ces nouveaux matériaux auront un impact important sur la commercialisation des véhicules munis de piles à combustible en permettant d'atteindre les objectifs fixés par le secteur automobile. En effet, les plus grands constructeurs mondiaux [3-6] testent des prototypes utilisant une pile à combustible. *General Motors* et les laboratoires américains *Sandia* viennent d'investir une dizaine de millions d'euros pour développer le stockage d'hydrogène au moyen d'hydrures de sodium et d'aluminium [4].

Quelle que soit la voie envisagée, le matériau doit présenter des propriétés d'hydruration en accord avec l'utilisation visée. Plusieurs cahiers de charges ont ainsi été dressés [2, 7-9], notamment par le DOE (Departement Of Energy), l'AIE (l'Agence Internationnelle d'Energie), et quelques grands groupes industriels (Toyota, BMW, Total-Fina-Elf,...). Ces cahiers des charges fixent les valeurs à atteindre pour chaque grandeur caractérisant le matériau: capacités de stockage massique et volumique, propriétés cinétique et thermodynamique d'hydruration, coût des matières premières, cyclabilité, ...

Ces cahiers des charges [2,7-9] sont l'objet de nombreuses polémiques et notre objectif dans le cadre de ce travail est de mieux comprendre les mécanismes d'hydruration ainsi que les propriétés électroniques, thermodynamiques...etc de ces hydrures et non pas de se prononcer sur un quelconque cahier des charges.

II.2- Les hydrures

L'hydrure est un composé chimique de l'hydrogène avec d'autres éléments. À l'origine, le terme « hydrure» était strictement réservé à des composés contenant des métaux mais la définition a été étendue à des composés où l'hydrogène a un lien direct avec un autre élément.

L'hydrogène gazeux peut être stocké réversiblement dans un solide. Trois processus d'absorption d'hydrogène peuvent être distingués

1- L'insertion d'atomes d'hydrogène au sein d'un réseau métallique.

2- L'adsorption du gaz à la surface d'un solide poreux.

3- La décomposition réversible d'hydrures chimiques.

Dans ce qui suit, nous allons présenter les différents types (classes) de ces hydrures et leurs caractéristiques ainsi que l'état d'art de la recherche dans ce domaine.

II.2.1 Les hydrures métalliques

En 1866 Graham [10] a observé que le palladium peut absorber une grande quantité d'hydrogène. En effet, la capacité d'absorption de l'hydrogène est commune à tous les métaux, mais la différence étant la quantité et les conditions d'absorption de l'hydrogène dans ces métaux. Depuis cette découverte, les systèmes métal-hydrogène ont été largement et continuellement étudiés. Dés le début, les chercheurs se sont intéressés à l'interaction de la molécule d'hydrogène avec des surfaces métalliques et à l'adsorption et la diffusion dans les métaux [11-14].

Chapitre II : Stockage d'hydrogène dans les hydrures

L'hydrogène a une électronégativité supérieure à celle des métaux dans lesquels il s'insère. Il a donc tendance à attirer les électrons du métal et à prendre une charge apparente négative. Selon la différence de l'électronégativité, la liaison métal-hydrogène est plus ou moins forte.

Il y a deux façons possibles de former un hydrure métallique :

a) la chimisorption directe schématisée par la réaction

$$M + x/2(H_2) \rightarrow MH_x \qquad (II.1)$$

b) et la décomposition électrochimique de l'eau

$$M + x/2\, H_2O + x/2\, e^- \rightarrow MH_x + x/2\, OH^- \qquad (II.2)$$

où M est un métal. Les hydrures métalliques sont composés des atomes du métal (constituant un réseau hôte) et les atomes d'hydrogène. Ces hydrures forment généralement deux phases d'hydrures : une phase α au cours de laquelle, seuls certains atomes d'hydrogène sont absorbés (fig. II 2) et une phase β au cours de laquelle l'hydrure est entièrement formé (fig. II.2)

Le stockage de l'hydrogène dans les hydrures métalliques dépend de différents paramètres en particulier la capacité de céder de l'hydrogène, dépendra de la structure, la morphologie et la pureté de surface [15].

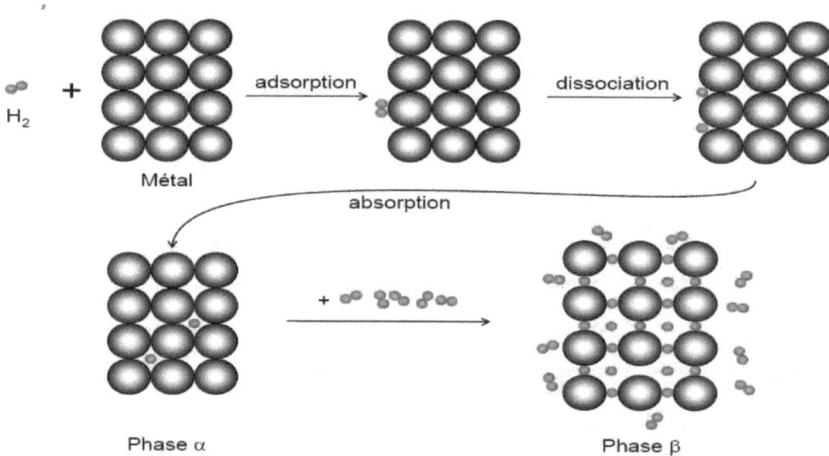

Figure II 2. Différentes phases de formation des hydrures à partir d'un métal.

Chapitre II : Stockage d'hydrogène dans les hydrures

Les métaux légers tels que le Li, Be, Na, Mg, B et Al, forment une grande variété de composés métal-hydrogène. Les capacités de stockage de l'hydrogène et les températures de décomposition pour les hydrures métalliques alcalins et pour des hydrures métalliques alcalino-terreux, sont listées dans le tableau II 2.

Tableau II 2. Poids, gravimétrique et volumétrique d'hydrogène et la température de décomposition des hydrures métalliques alcalins et alcalino-terreux.

Hydrure	Poids (g /mol)	Gravimétrique (wt%)	Volumétrique H (Kg /m^3)	Td (°C) [16]
LiH	7.95	12.59	98.60	720
NaH	23.99	4.17	57.73	425
KH	40.11	2.49	36.01	417
RbH	86.47	1.18	30.44	170
CsH	133.91	0.75	25.86	170
BeH$_2$	11.01	18.16	138.08	250
MgH$_2$	26.31	7.60	110.03	327
CaH$_2$	42.09	4.75	92.37	600
SrH$_2$	89.62	2.23	74.00	675
BaH$_2$	139.34	1.44	60.41	675

II.2.1.1 - Les hydrures de métaux alcalins

Les hydrures de métaux alcalins ont une nature ionique de degré élevé et par conséquent les températures de décomposition sont élevées [17]. Les métaux alcalins (LiH, NaH, KH, RbH et CsH) sont des éléments légers, de faible densité qui cristallisent dans une structure cubique centrée (BCC), mais la densité des hydrures est encore plus faible. Ceci est partiellement dû au fait que les hydrures cristallisent dans une structure cubique faces centrées (FCC) avec une compacité de 0,74 comparée à 0,68 pour une structure BCC. En raison de leur faible point de fusion, les hydrures des métaux alcalins se décomposent en métal pur et en hydrogène, au-dessus du point de fusion du métal.

Les hydrures métalliques alcalins sont des matériaux ayant aussi bien des intérêts pratiques [18] que théoriques [19-21] très importants. L'intérêt pratique résulte de leurs applications potentielles dans les industries chimiques et nucléaires, et l'intérêt théorique découle du fait qu'ils sont simples: un système métal (M)-hydrogène (H) est très pratique pour les recherches sur les interactions fondamentales qui devraient être importantes pour les nouveaux matériaux complexes [22-23]. Bien que d'importants travaux expérimentaux et théoriques aient été consacrés à l'étude des hydrures métalliques alcalins, certaines de leurs caractéristiques essentielles ne sont pas encore bien élucidées. Par exemple, les détails sur les bandes de valence et de conduction, la structure d'énergie de gap, le transfert de charge et la distribution de charge, l'origine et l'importance des différentes contributions à la liaison, et en particulier le caractère et l'importance de l'interaction H-H.

Auffermann et al. [24] ont rapporté expérimentalement, le spectre de diffusion inélastique des neutrons des hydrures métalliques alcalins (NaH, KH, RbH et CsH), mesuré à une température de 20 K, alors que Colognesi et al. [25] alliant mesure et simulation théorique ont montré que la contribution de l'énergie du point zéro et celle des effets thermiques à l'énergie libre, ont un effet important sur la diffusion inélastique des neutrons et sur plusieurs propriétés thermodynamiques des hydrures étudiés [25]. Novakovic et al. [26] ont calculé la structure électronique des hydrures métalliques alcalins (LiH, NaH, KH, RbH et CsH) ; ils ont montré que les composés ont des caractéristiques communes pour la structure électronique, mais aussi des différences pour d'autres caractéristiques. Les différences sont particulièrement importantes dans les distributions des charges électroniques et les interactions avec divers plans cristallographiques. À la lumière de ces constatations, ils ont affiné et étudié quelques exemples de résultats expérimentaux et discutés plusieurs approches théoriques utilisées pour la description des propriétés des hydrures métalliques alcalins [26].

II.2.1.2- Les hydrures de métaux alcalino-terreux

Les hydrures métalliques alcalino-terreux vont du BeH_2 (qui a une liaison covalente en raison d'une petite différence en électronégativité entre le béryllium et l'hydrogène) aux hydrures ioniques CaH_2, SrH_2 et BaH_2 [20,27-28]. Le béryllium et le magnésium cristallisent dans la structure hexagonale compacte (HC), mais les structures de leurs hydrures (BeH_2 et MgH_2 respectivement) se transforment respectivement en une structure orthorhombique et une structure tétragonale. les Ca, Ba, et Sr ont tous des structures cubiques centrées et leurs hydrures ont des structures du prototype CO_2Si orthorhombique [28-31].

Les hydrures métalliques alcalino-terreux sont des isolants avec une bande interdite entre 3 eV et 6 eV pour Be, Mg et Ca [28-29,32].

Les hydrures métalliques alcalino-terreux sont très stables et nécessitent des températures élevées pour être décomposés en hydrogène et en métal. Le Béryllium diffère des autres par une faible température de décomposition remarquable qui peut être expliquée par sa grande énergie de cohésion réduisant ainsi la stabilité de BeH_2.

Le MgH_2 a un caractère de liaison plus complexe. La densité électronique y est localisée autour des atomes Mg avec une charge proche de +2 et des atomes d'hydrogène chargés négativement avec une chargé de -0.94, (-0.26) [32-33]. Le reste de la densité électronique est répartie uniformément dans la région interstitielle [32], bien que des expériences ont révélé que des régions entre le Mg et les atomes H ont une densité électronique non nulle, ce que suggère une liaison partiellement covalente [33]. Pour cette raison, le MgH_2 peut être classé et étudié à part dans la famille des hydrures à base de magnésium (cf. paragraphe suivant). A l'inverse des hydrures simples alcalins qui ont la même structure cristalline (cubique faces centrées à pression ambiante), les hydrures alcalino-terreux sont classés (selon leur structure cristalline) en trois sous-ensembles distincts:

1- BeH_2, instable et avec une structure orthorhombique centrée pour un groupe d'espace Ibam,

2- MgH_2 a une structure de type rutile (tétragonale, P42/mnm),

3- et enfin, les dihydrogènes de calcium, strontium et de baryum. Ces hydrures cristallisent dans une maille orthorhombique (à basse pression et des températures en dessous de 600 ° C), présentant le groupe d'espace Pnma.

Ces trois types d'hydrures ont été étudiés structuralement, pour la première fois en 1935 par Zintel et al. [34l]. Hantsch et al. [35] ont prévu une transition de phase pour une modification élevée de la pression pour le BeH_2. Vidal et al. [36] ont calculé théoriquement la diffusion Raman pour les BeH_2, MgH_2, CaH_2, SrH_2. Colognesi et al. [37] ont fait une étude de Premier-Principes sur les hydrures CaH_2, SrH_2 et BaH_2. Ils ont également mesuré expérimentalement la diffusion inélastique des neutrons pour ces hydrures, à basses températures. Leurs résultats théoriques sont en bon accord avec l'expérience. Ces résultats ont permis d'étendre les propriétés à tous les hydrures alcalino-terreux ayant une structure orthorhombique [37]. Récemment, George et al. [38], dans une étude bibliographique, ont collecté et discuté les informations sur la transition de phase et la structure des hydrures métalliques alcalins et alcalino-terreux, et cela pour des pressions ambiantes et élevées et pour des températures ambiantes. Les études structurales des hydrures à différentes pressions, peut faciliter la compréhension de la stabilité des possibles phases, et aidera à la conception de matériel adapté pour le stockage avec des propriétés thermodynamiques souhaitées.

II.2.1.3 Les hydrures métalliques à base de magnésium

Plusieurs études et recherches sur le magnésium et ses alliages en vue d'une application pour le stockage de l'hydrogène embarqué ont été réalisées, en raison de leur haute capacité de stockage d'hydrogène en poids et leurs faibles coûts [2]. En outre, les hydrures à base de Mg possèdent de bonnes propriétés fonctionnelles, telles qu' une bonne résistance à la chaleur, amortisseurs de vibrations, la réversibilité et la recyclabilité [39]. Selon Stampfer et al. [40], le problème avec le MgH_2 est la grande valeur de son enthalpie d'hydrogénation (ΔH = -74.5 kJ/mol) et par conséquent, une très faible pression de plateau à la température ambiante (environ 0,1 Pa). Ainsi, pour parvenir à une pression de plateau supérieure à la pression atmosphérique (afin de libérer l'hydrogène stocké), il est nécessaire d'élever la température à environ 573 K [40].

De nombreux travaux ont été effectués sur des hydrures à base de Mg pour réduire la température de désorption et d'accélérer les réactions d'hydrogénation (déshydrogénation). Cela peut être fait sous certaines conditions, par :

Chapitre II : Stockage d'hydrogène dans les hydrures

1- le changement de la microstructure de l'hydrure par broyage mécanique avec des éléments qui réduisent la stabilité des hydrures [42].

2- en utilisant des catalyseurs appropriés pour améliorer la cinétique d'absorption/désorption [42].

Ainsi Shang et al [41] ont modifié les propriétés de l'hydrure de magnésium en utilisant la technique de broyage mécanique ou mécanosynthèse (mechanical alloying) pour traiter les mélanges en poudres de MgH_2 avec 8% mol M (M = Al, Ti, Fe, Ni, Cu et Nb). La température de déshydrogénation a chuté à 300 ° C, ce qui montre clairement l'effet bénéfique des éléments d'alliage à la fois sur la cinétique et sur le niveau de désorption de l'hydrogène. L'effet de ce broyage diminue du Ni, Al, Fe, Nb, Ti, au Cu [41]. Cependant, le désaccord entre les résultats théoriques et expérimentaux sur le Cu n'a pas encore été élucidé [41]. Les propriétés d'absorption/désorption des hydrures à base de Mg étudiés ont été résumées par Sakintuna et al [39] (cf. le tableau de l'annexe C).

II.2.1.3.1- Amélioration des propriétés de surface et le broyage mécanique

La surface du métal est un facteur critique pour l'absorption de l'hydrogène par les métaux, cette surface active la dissociation des molécules de l'hydrogène et permet une diffusion facile de l'hydrogène dans le réseau (en volume).

Le broyage mécanique qui crée de nouvelles surfaces par effet de nanostructuration au cours du traitement est un procédé qui est largement appliqué aux hydrures métalliques en vue d'obtenir de bonnes propriétés surfaciques [16].

Les principaux effets de broyage mécanique sont [39]:

1- une augmentation de la surface spécifique comparée au volume.

2- La formation de micro et nano-structures.

3- La création de défauts à la surface et à l'intérieur du matériau.

Les défauts de réseau induits, peuvent aider la diffusion de l'hydrogène dans les matériaux en fournissant de nombreux sites avec une faible énergie d'activation pour la diffusion [39].

Dans une autre approche, un matériau peut être hydrogéné pendant le traitement par broyage [43-45]. Il a été montré que le broyage mécanique sous une atmosphère d'hydrogène est une méthode pratique pour la formation d'hydrures métalliques qui provoque simultanément l'absorption d'hydrogène et la déformation mécanique.

II.2.1.3.2- Effet de la composition chimique

Le type et la composition chimique de l'alliage métallique est l'un des facteurs les plus importants dans le système métal-hydrogène [46]. Bouaricha et al. [47] ont préparé l'alliage Mg-Al par broyage à haute énergie. Ils ont trouvé que la capacité de stockage de l'hydrogène du matériau, diminue avec la quantité de l'aluminium dans l'alliage Mg-Al, par contre la cinétique d'absorption a été beaucoup améliorée [47]. Wang et al. [48-49] ont combiné à la fois l'effet de catalyseur et du broyage dans un système de particules fines $ZrFe_{1.4}Cr_{0.6}$ couvrant des particules de Mg. Cela a abouti à une amélioration des taux d'absorption et de désorption [48-49]. Dans une autre étude [50], l'alliage mécanique du Mg-30% en poids avec le $LaNi_{2.28}$ aurait de bonnes propriétés d'hydruration avec 5,40% en poids de stockage d'hydrogène sous une pression d'hydrogène de 30 bars.

L'alliage obtenu par broyage mécanique de Mg avec certains éléments tels que Zn, Al, Ag, Ga et le Cd a abouti à une réduction de la stabilité de l'hydrure de magnésium. Des matériaux comme l'indium et le cadmium ont donné les meilleurs résultats [51]. Bogdanovic et al. [52] et Reiser et al. [53] ont examiné les systèmes Mg_2FeH_6- MgH_2. L'hydrure intermétallique Mg_2FeH_6 a une densité volumique élevée ($150 kgH_2/m^3$), ce qui représente plus que le double de l'hydrogène liquide [54]. Les nanocomposites de MgH_2 et des métaux de transition 3d, Ti, V, Mn, Fe et Ni, ont été étudiés de manière très détaillée [55-57]. Les composites à base de Mg-Ti et Mg-V ont une cinétique d'absorption rapide (le temps d'absorption est de 2mn à 5 min). L'enthalpie de formation et l'entropie des hydrures de magnésium changent par broyage avec les métaux de transition. En outre, l'énergie d'activation de la désorption de l'hydrure de magnésium est réduite à 200 ° C.

II.2.1.3.3- La stabilité du cycle charge - décharge

La stabilité du cycle charge/décharge d'hydrogène est l'un des principaux critères de l'applicabilité des systèmes métal/hydrure métallique pour le stockage réversible de l'hydrogène. Selon la nature des additifs, les températures du cycle charge/décharge et les microstructures initiales, plusieurs structures et phases intermédiaires peuvent être obtenues. Song et al. [58] ont synthétisé les hydrures de magnésium avec des additifs de Cr_2O_3, Al_2O_3 et CeO_2. Ils ont trouvé que tous les échantillons absorbent et cèdent moins d'hydrogène au cinquième cycle comparativement au premier en raison de l'agglomération des particules au cours du cycle hydrogénation-déshydrogénation. Des matériaux tels que le Ce, La, Nd et Pr, sont utilisés pour améliorer la stabilité cyclique [59-60].

Reiser et al. [53] ont étudié le comportement de Mg dopé par le Ni et le Mg_2CoH_5. Ils ont indiqué qu'ils sont à peu près stables, même après 800 cycles avec de petites fluctuations de la capacité de stockage de l'hydrogène. La stabilité du cycle hydrogénation-déshydrogénation de MgH_2-5% en poids de V a été étudiée par Dehouche et al. [57] jusqu'à 2000 cycles. Ils ont conclu qu'il n'y a pas de changement dans les isothermes et aucune désintégration des matériaux, même lorsque la quantité de l'hydrogène atteint 5% en poids.

II.2.1.3.4- L'effet des catalyseurs

Le catalyseur est un des facteurs critiques dans l'amélioration de la cinétique d'absorption d'hydrogène dans les systèmes de type hydrure métallique qui permet la dissociation rapide et efficace de molécules d'hydrogène [46]. Plusieurs travaux sur la recherche d'un catalyseur approprié pour améliorer les propriétés d'hydruration ont été effectués. Il est montré que le palladium est un bon catalyseur pour la réaction de dissociation de l'hydrogène. Les propriétés d'hydruration sont améliorées par des nanoparticules de Pd localisées sur la surface de magnésium [61]. Cependant, le coût élevé du palladium est le principal inconvénient pour les applications industrielles [16]. Les molécules d'hydrogène ont une forte affinité pour le nickel et sont dissociées et adsorbés facilement sur la couche superficielle de nickel [62-63]. En plus du palladium et du nickel, le germanium peut être utilisé pour la catalyse de la cinétique d'hydrogénation [64]. La cinétique du MgH_2 est très améliorée par l'addition des oxydes catalyseurs qui améliorent les propriétés d'hydrogénation à des températures relativement basses, tels que V_2O_5 [65] et Cr_2O_3 [58,66]. Dans le but de rechercher des catalyseurs efficaces et peu coûteux pour les réactions d'absorption de l'hydrogène, un nouveau type de composés catalyseurs est développé [67]. Ces catalyseurs ont montré un effet bénéfique pour les alanates de sodium et de magnésium, ainsi que dans la production de l'hydrogène par hydrolyse [67]. Toutefois, l'ajout de catalyseurs permet de modifier la cinétique de sorption, mais la stabilité de l'hydrure reste inchangée. Afin d'abaisser la température d'utilisation, il est nécessaire de modifier les propriétés chimiques, d'où l'élaboration de nouveaux composés à base de magnésium.

II.2.1.4 Familles d'intermétalliques et leurs hydrures

Libowitz *et al.* [68] découvrirent le premier hydrure intermétallique en 1958 [68]. Au début, les hydrures intermétalliques étaient développés pour servir comme ralentisseurs de petits réacteurs nucléaires. L'intérêt de cette découverte n'est apparu que dans les années 1970 avec des chercheurs de Philips [69] qui ont proposé toute le potentiel technologique de ces matériaux : stockage de l'hydrogène, machines thermiques, applications électrochimiques. En effet, les chercheurs de Philips [69] ont découvert l'hydrure $LaNi_55H_{6.7}$ alors qu'ils tentaient de modifier les propriétés magnétiques de composés de Haucke en y insérant de l'hydrogène.

Aujourd'hui, la recherche dans le domaine des hydrures intermétalliques est très active. Les principales motivations sont d'élargir d'une part les gammes de température et de pression d'utilisation des composés disponibles ; et d'autre part leurs champs d'applications associés. Les études s'orientent en priorité vers une augmentation des capacités massiques de stockage, une meilleure réversibilité et tenue en cycle de charge-décharge avec le temps et enfin, une amélioration des cinétiques de réaction. La compréhension des différents mécanismes associés aux transformations de phases est en revanche beaucoup moins avancée.

Les principales familles d'intermétalliques hydrures sont du type AB_n. L'élément A est généralement une terre rare ou un élément de transition et B est un élément de transition. Une revue globale des caractéristiques cristallographiques de ces composés est fournie par la référence [70]. Il est généralement possible de synthétiser des hydrures stables à partir d'un élément A seul contrairement à B. Afin d'identifier les matériaux potentiels pour le stockage de l'hydrogène, différentes classes d'hydrures ont été étudiées de manière très approfondies

a) La famille AB

Ces intermétalliques forment généralement des hydrures stables à température ambiante. ZrNi a été le premier composé intermétallique de type AB dont les propriétés d'absorption de l'hydrogène ont été étudiées [68]. Ce dernier absorbe 1,5 H/M, mais avec une pression d'équilibre de 1 bar à 300° C et conduit à la formation de deux phases: un mono-hydrure et un tri-hydrure. Des calculs théoriques utilisant la DFT (détaillée dans le chapitre suivant) ont démontré la possibilité de passage par un di-hydrure intermédiaire métastable lors de la désorption [71].

Les composés TiNi [72], TiCo [73] et TiFe [74] sont de structure de type CsCl. Le composé TiNi à la particularité de prendre une structure monoclinique en-dessous de 52°C [75-76]. La capacité massique maximale de 1,9 wt% est atteinte avec le composé TiFe, dont la courbe pression–composition de désorption est composée de deux plateaux à 7 bar et 15 bar à 40° C, indiquant la présence de deux phases hydrures TiFeH et $TiFeH_2$. La courbe pression–composition du composé TiCo présente quant à elle plusieurs plateaux [77], la pression d'équilibre du plateau principal s'élevant à 0,1 bar à 80° C. A l'inverse des deux composés précédents, TiNi ne présente pas de plateau de pression au-dessus de 0,2 bar [77]. Ce constat a été interprété, dans un premier temps, par la formation d'une solution solide lors de l'insertion de l'hydrogène, mais des mesures structurales ont montré que l'absorption d'hydrogène s'accompagne d'une distorsion quadratique de la maille initialement cubique [78-79].

b) La famille AB_2

Certains composés intermétalliques de type AB_2 absorbent facilement l'hydrogène. L'élément A peut être une terre rare ou un mélange de terres rares (Er, Ho, Dy, Mischmétal) ou un élément de transition formant un hydrure stable, comme Zr ou Ti, l'élément B est un élément de transition comme V, Cr, Mn, Fe, Co ou Ni. La capacité massique d'absorption de ces matériaux peut atteindre 2 wt. % [80-85]. Compte tenu de leur bonne tenue en cyclage et de leur cinétique avantageuse, ils sont considérés comme des candidats sérieux pour la réalisation d'électrodes négatives pour batteries Ni–MH.

Ces intermétalliques, couramment appelés phases de Laves, cristallisent dans trois structures possibles : cubique à faces centrées (C15), hexagonale (C14) qui sont majoritaires et dihexagonale (C36) qui est minoritaire. Ces alliages présentent des caractéristiques cinétiques d'absorption et de désorption relativement favorables mais également une capacité d'insertion très élevée. Toutes ces propriétés peuvent s'expliquer en partie grâce à l'existence de nombreux interstices au sein de la maille. De plus, un autre aspect non négligeable, est l'existence d'une énergie de liaison hydrogène-métal faible qui permet d'observer l'absorption et la désorption de H à une température voisine de l'ambiante et à une pression atmosphérique. La formation de cette liaison faible d'origine covalente ou ionique permet de rendre le phénomène de stockage réversible.

c) La famille AB_5

Ces intermétalliques, dits phases de Haucke, sont les plus étudiés. Le $LaNi_5$ représente le composé archétype pouvant accommoder jusqu'à 6 atomes d'H par u.f. (unité de formule) dans sa maille, *i.e.* un H par atome métallique [86]. Outre le $LaNi_5$, différents composés de type AB_5, sont connus pour absorber l'hydrogène, notamment $CeNi_5$, $NdNi_5$ et $PrNi_5$. Ils cristallisent comme le $LaNi_5$ dans une structure hexagonale de type $CaCu_5$. Dans la pratique, le $LaNi_5$ ne présente pas de problèmes d'activation. Il peut être mis en contact ou même broyé sous air avant hydrogénation, puis absorber l'hydrogène sans traitement particulier. Ceci est dû au fait que l'oxyde de nickel est réduit à température ambiante par simple exposition à de l'hydrogène gazeux [87]. Une autre caractéristique qui rend le $LaNi_5$ relativement facile à étudier est la cinétique d'absorption, puisqu'un avancement de la réaction d'absorption de 90 % est atteint en quelques minutes, à condition que l'échantillon soit parfaitement thermostaté [88-90].

La substitution du nickel par un autre élément tel que l'aluminium, le cobalt, le manganèse ou l'étain [91-92] atténue la perte de capacité en vieillissement. Par conséquent, bien que les capacités massiques de stockage ne dépassent pas 1,8 %, leur intérêt par rapport aux phases AB_2, par exemple, réside dans leur plus grande résistance à la corrosion en milieu alcalin, en particulier avec la substitution par du cobalt sur le site du nickel.

d) Alliages BCC

Ces intermétalliques présentent de nouveaux systèmes ternaires polyphasés désignés sous le nom de solutions solides cubiques centrées, dérivées de phases de Laves. Ils furent découverts en 1995 par Akiba et Iba [93]. De nombreux progrès restent encore à faire s'agissant de leur développement. Néanmoins, les capacités massiques de stockage obtenues de l'ordre de 3 % fournissent des signes prometteurs.

II.2.1.5 Les hydrures complexes

Jusqu'à présent, il y a environ 170 hydrures recensés à la hydpark.ca.sandia.gov site [94]. Un intérêt particulier est donné à une classe d'hydrures ayant des caractéristiques spéciales (la participation des ions de métaux alcalins et des complexes métalliques et des composés mixtes pour former des coordinations ioniques et covalentes). Cette classe d'hydrures est connue sous le nom: les hydrures complexes (ou chimiques).

Le sodium, le lithium et le béryllium sont les seuls éléments plus légers que le magnésium qui peuvent aussi former avec l'hydrogène, des composés à l'état solide.

Des études se sont focalisées sur les hydrures complexes légers en poids tels que les alanates [AlH$_4$]⁻, les amides [NH$_2$]⁻, les imides et borohydrures [BH$_4$]⁻. Dans de tels systèmes, l'hydrogène est souvent situé dans les coins d'un tétraèdre.

Dans les sections suivantes, nous citons brièvement les hydrures complexes les plus intéressants. Notons que les structures cristallographiques des hydrures complexes déterminées par rayons X ou par des données de diffraction de neutrons sont assez complexes et le lecteur intéressé pourra se reporter à la référence [95] pour de plus amples détails.

II.2.1.5.1- Les alanates et les borohydrures

Les alanates et les borates sont particulièrement intéressants en raison de leurs légèretés et leur capacité de lier un grand nombre d'atomes d'hydrogène par atome de métal d'où une capacité de stockage élevée. Le premier alanate, a été synthétisé en 1974 en Russie par Dymova et al [96]. L'alanate de sodium NaAlH$_4$ présente une capacité massique de 5,5% à pression atmosphérique entre 306 et 383 K de températures [97]. La réhydrogénation est plus difficile et nécessite l'ajout de catalyseurs à base de titane. Bogdanovic et Schwickardi [98] ont montré que l'addition du Ti à l'hydrure complexe NaAlH$_4$, implique un stockage d'hydrogène réversible dans la gamme allant jusqu'à 3,7% en poids de H$_2$ sous des conditions modérées de température et de pression. Des expériences récentes [99-101] montrent que LiAlH$_4$ et NaAlH$_4$, après un traitement mécano-chimique dans des conditions ambiantes en présence de catalyseurs de certains métaux de transition, peuvent libérer rapidement 7,9 % et 5,6% en poids d'hydrogène, respectivement. Sans l'introduction d'un catalyseur, l'absorption (désorption) réversible d'hydrogène se produit en douceur dans le KAlH$_4$ [102].

Les alanates de Mg et Ca tels que Mg(AlH$_4$)$_2$ et Ca(AlH$_4$)$_2$, respectivement, sont basés sur des éléments beaucoup plus abondants et peu coûteux. Toutefois, en comparaison avec NaAlH$_4$ et LiAlH$_4$, la connaissance de leurs synthèses efficaces et leurs propriétés de stockage d'hydrogène, est médiocre et mérite encore des efforts de recherche plus approfondie. Les borates sont connus pour être stables et ne se dégradent qu'à des températures élevées. Le borohydrure de sodium $NaBH_4$ est un autre type d'hydrure complexe, qui libère de l'hydrogène par hydrolyse (5,3 % massique) [103], mais dont la réaction n'est pas réversible. La quantité de l'hydrogène atteint la valeur de 18% en poids pour $LiBH_4$. Le $LiBH_4$, déjà connu comme un puissant agent réducteur dans la synthèse organique, a reçu une attention spéciale après le travail de Züttel et al [54]. En effet, les données expérimentales de Züttel et al. [54] montrent que la désorption de l'hydrogène à partir de $LiBH_4$ peut être améliorée jusqu'à 13,5 % en utilisant le SiO_2 comme catalyseur. En plus, la libération de l'hydrogène survient à une température de 200 C° ce qui est bénéfique pour les applications mobiles [54].

II.2.1.5.2- les amides

Les études approfondies des propriétés de stockage de l'hydrogène de l'amide de lithium ont été activées par les efforts des pionniers Chen et al. [104]. Ces auteurs ont montré que le composé Li_3N peut absorber et désorber l'hydrogène à une pression très raisonnable. La transformation imides/amides ($Li_2NH/LiNH_2$) est réversible (6,5% de poids massique). Elle est caractérisée par une pression de plateau située environ à 0,1 MPa à 558 K [104]. L'utilisation des hydrures complexes pour le stockage de l'hydrogène est difficile en raison des limitations cinétiques et thermodynamiques de cette famille. Pour plus de détails sur les hydrures complexes, le lecteur pourra consulter les références [95, 105-110].

II.3 - La théorie et la simulation des matériaux

Une compréhension fondamentale de l'interaction (et donc le comportement) de l'hydrogène avec des matériaux nécessite une approche synergique impliquant à la fois la théorie et l'expérience. La théorie et le calcul peuvent être utilisés non seulement pour comprendre les résultats expérimentaux, mais aussi pour orienter les futures expériences. Les grandes avancées dans la méthodologie (théories et algorithmes) et l'augmentation des puissances de calcul au cours des ces dernières

Chapitre II : Stockage d'hydrogène dans les hydrures

années ont ouvert de nouvelles possibilités pour les études théoriques de stockage de l'hydrogène. D'une manière générale, quatre catégories d'approches théoriques sont disponibles pour l'étude de ces systèmes

(1) l'approche de la mécanique quantique qui donne des informations sur la structure électronique et sur les liaisons chimiques;

(2) les approches empiriques et semi-empiriques qui donnent des informations atomistiques sur le piégeage de l'hydrogène dans les lacunes et les impuretés;

(3) l'approche méso-échelle qui fournit des informations sur le piégeage moyen dans les distributions de défauts;

(4) les méthodes de continuum qui donnent des informations sur les transports à travers un matériau réel.

Couplées à la dynamique moléculaire, ces approches peuvent prédire les propriétés thermodynamiques et les processus activés thermiquement tels que la diffusion et les réactions chimiques et surtout leur évolution au cours du temps. La théorie et le calcul peuvent jouer deux rôles importants dans le développement de matériaux pour le stockage de l'hydrogène. En premier lieu chaque approche permet aux chercheurs de comprendre la physique et la chimie des interactions de l'hydrogène à une échelle de taille appropriée. Les chercheurs peuvent utiliser l'information produite à ces échelles afin d'aider à choisir de nouveaux matériaux pour le stockage d'hydrogène. Le second rôle, peut être le plus intéressant, réside dans le bootstrapping[*] de l'information entre les approches théoriques. Par exemple, les données énergétiques obtenues à partir de calculs de mécanique quantique sont utilisées directement dans le développement des potentiels semi-empiriques. Les bilans énergétique et cinétique obtenus à l'aide de ces potentiels sont utilisés dans un calcul à méso-échelle pour déterminer les propriétés effectives en fonction de la microstructure. Ces résultats sont ensuite utilisés directement dans les calculs de continuum pour prédire les propriétés de recyclage d'un matériau. Pour s'assurer de l'exactitude de la modélisation, il est essentiel que les prédictions à chaque niveau et échelle de taille

---

[*] Le terme exprime, comment un système peut s'amorcer à partir d'un état initial non défini.

doivent être comparés avec les informations expérimentales appropriées. La plus grande contribution que la théorie et le calcul peut apporter dans le développement de nouveaux matériaux de stockage d'hydrogène est de réduire le nombre de choix (et donc de réduire le temps de développement nécessaire). Ce n'est que par une approche multi-échelle, comme celle décrite ci-dessus, qu'on pourra s'attendre à des prévisions assez précises pouvant être utiles dans le développement de matériaux.

II.4 Les enjeux et les défis de la recherche sur les hydrures

II.4.1- Les défis théoriques fondamentaux

Une approche théorique très élaborée est nécessaire pour compléter les efforts expérimentaux dans la recherche fondamentale sur la conception et la synthèse de nouveaux matériaux pour la production, le stockage et l'utilisation de l'hydrogène. Les défis pour les approches théoriques et la modélisation se situent dans trois domaines liés à

(1) la compréhension des processus fondamentaux physiques et chimiques ;

(2) la compréhension des mécanismes de réactions catalytiques ;

(3) la conception de nouveaux matériaux.

Une telle approche doit se concentrer sur la recherche fondamentale qui contribue à créer une base de connaissances dans le domaine de la recherche et de développement. La réussite des efforts dans ces domaines permettrait d'accroître considérablement notre capacité à relever les défis techniques, clés de l'économie de l'hydrogène.

II.4.1.1 La Compréhension des processus physiques et chimiques fondamentaux

De nombreux processus complexes chimiques et physiques sont essentiels pour le développement de la production, le stockage et l'utilisation d'hydrogène. Pour le stockage de l'hydrogène, il est souhaitable de développer une compréhension théorique précise sur la façon dont l'hydrogène (soit de l'hydrogène atomique ou moléculaire en fonction du matériau) réagit avec la surface, les interfaces, les grains limites ainsi qu'avec les défauts de réseau d'un matériau particulier [111-112].

II.4.1.2 Compréhension des mécanismes de réaction catalytique

Dans le domaine de la catalyse, le développement d'une méthode qui permette la compréhension des facteurs qui contrôlent les mécanismes de réactions catalytiques est primordial actuellement. Un développement considérable a été réalisé dans ce sens, malgré l'absence d'exemple concret où la théorie a conduit à l'élaboration d'un nouveau catalyseur. Cependant, grâce au développement et aux efforts réalisés ces dernières années, la théorie doit être en mesure de contribuer de manière significative au développement de nouveaux catalyseurs et l'amélioration des catalyseurs existants.

II.4.1.3 Conception de nouveaux matériaux

La synthèse et la conception de nouveaux matériaux pour le stockage de l'hydrogène doivent utiliser une base de connaissances issues à partir des études fondamentales (théoriques et expérimentales) des processus chimiques et physiques et des mécanismes catalytiques.Le défi consiste à utiliser ces connaissances pour prévoir les comportements d'un matériau (notamment les changements dans la fonctionnalité d'un catalyseur ou un matériau de stockage en fonction de la variation de la composition et de la structure). Cette approche permet d'accélérer la recherche de meilleurs matériaux et en fin de compte permet de concevoir de nouveaux matériaux avec une meilleure performance à travers des calculs basés sur les calculs de premiers- principes (cf. Chapitre III).

II.4.2 Les défis de la simulation

Les progrès récents atteints dans les méthodes théoriques, numériques ainsi que les outils de calcul ont renforcé leurs capacités d'utilisation pour étudier les processus fondamentaux, les mécanismes de réaction catalytique et les matériaux [113]. Quatre classes de méthodes de calcul sont disponibles. Ces méthodes couvrent les échelles de longueur de 0,1 à 10 nm (mécanique quantique), 1nm à 1000 nm (mécanique statistique), de 0,1 µm à 100 µm (méso-échelle), et 1 mm à 10 m (mécanique des milieux continus). Les échelles de temps pour les méthodes de la mécanique quantique sont de l'ordre de 1 femtoseconde (fs : 10^{-15} sec), alors que les méthodes du continuum vont de quelques secondes à quelques heures. Les défis dans la recherche sur l'hydrogène sont de « couvrir » toutes ces échelles de longueur et de temps, ce qui pose de sérieuses difficultés pour la théorie et le calcul. Le principal problème est la limite du volume et l'échelle de temps des calculs *ab initio*. Il n'est pas (et peut être ne sera jamais) encore, possible d'effectuer des calculs au niveau de la mécanique quantique sur des échelles réalistes. Ces échelles qui sont nécessaires pour simuler l'ensemble des processus dynamiques impliqués dans des réactions aussi complexes comme la désorption d'hydrogène à partir d'hydrures complexes. Il est donc nécessaire d'isoler les événements qui peuvent être étudiés au niveau de la mécanique quantique. Lorsque de tels événements sont sélectionnés sur la base d'une hypothèse quelconque, il y a alors une possibilité raisonnable de procéder à l'étude d'un processus qui n'est pas lié à la réaction proprement dite. Dans la suite nous exposons les enjeux et l'état d'art de la modélisation des hydrures à partir du calcul *ab initio* basé sur la théorie de la densité fonctionnelle (DFT).

II.4.3 Modélisation des hydrures dans le cadre de la théorie DFT

Parallèlement à l'étude des matériaux, une étape de modélisation s'avère indispensable pour une meilleure compréhension des phénomènes mis en jeu. Cette méthode a pour but de guider les expérimentateurs dans leurs recherches de matériaux toujours plus performants. Sur le plan théorique, il s'agit d'apporter un éclairage au niveau fondamental sur les matériaux en relation avec leurs propriétés d'absorption de l'hydrogène au moyen d'études *ab initio* dans le cadre de la théorie de la fonctionnelle de la densité (cette théorie sera abordée dans le chapitre suivant). Pour les applications et les utilisations liées aux matériaux, et en particulier le stockage, les propriétés thermodynamiques (stabilité, capacité maximum d'absorption de l'hydrogène...) jouent un rôle crucial. Elles peuvent être modulées par des substitutions grâce à des éléments de tailles et de natures chimiques différents, qui modifient les propriétés élastiques et électroniques de l'hydrure [114]. L'objectif est d'établir des lois de comportement et de comprendre l'origine microscopique, grâce aux calculs *ab initio*, afin de guider plus efficacement le choix des matériaux pour une application souhaitée [115].

Sur le plan de la physisorption, plusieurs pistes sont envisagées [116]. Il s'agit en particulier de renforcer la physisorption par un dopage d'éléments donneurs d'électrons vis à vis des espèces de la matrice poreuse afin de créer des champs électriques suffisants dans les cavités pour stocker par effet de polarisation (aussi appelé induction) de l'hydrogène [114]. Pour les matériaux hybrides, associant des poreux à des particules métalliques dispersées dans la matrice, il s'agit d'identifier les meilleurs métaux à disperser, de déterminer la taille optimale des agrégats pour un stockage réversible et la stabilité thermodynamique des agrégats dispersés [117]. En utilisant la DFT, les propriétés structurelles des systèmes contenant jusqu'à plusieurs centaines d'atomes dans la maille peuvent être calculées avec une précision raisonnable. En particulier, les spectres vibrationnels et donc les propriétés thermodynamiques peuvent être calculés avec une bonne précision [118].

L'un des principaux défauts de la DFT est la grande différence entre les enthalpies des réactions calculées et obtenues expérimentalement [119]. Lorsque le type de liaison reste le même, la DFT fournit habituellement des différences d'énergie très raisonnables à cause de l'effet compensatoire des erreurs [119]. Dans le cas des réactions de désorption de l'hydrogène il faut comparer une molécule aux solides. De plus, les hydrures sont souvent des isolants, alors que l'état désorbé (avant d'absorber de l'hydrogène) contient généralement des métaux [119], alors dans ce cas la nature de la liaison chimique n'est pas la même, par conséquent une annulation des erreurs de calcul DFT n'est pas efficace [119].

Matar et al. [115] ont récemment examiné les travaux basés sur la DFT pour l'étude des différentes catégories de systèmes intermétalliques qui ont la capacité d'absorber l'hydrogène dans des quantités différentes, comme les phases de Laves binaires et ternaires et intermétalliques de type Haucke. Ces hydrures intermétalliques sont intéressants pour la recherche appliquée en tant que candidats potentiels à l'utilisation

Chapitre II : Stockage d'hydrogène dans les hydrures

embarquée (moteurs, batteries, etc.). Ces derniers [115] ont mis l'accent sur les caractéristiques fondamentales concernant les propriétés physiques et chimiques obtenues à partir des calculs Premiers- principes, pour une meilleure compréhension du rôle joué par l'hydrogène inséré.

Outre l'établissement de l'équation d'état, les énergies de liaison, la structure de bande électronique, les effets magnétiques, le champ hyperfin etc., Matar et al [115] ont "essayé" de répondre à la question pertinente soulevée par la physique du solide: «où sont les électrons ? ». Ceci est abordé à travers différents systèmes (familles d'hydrures) pour une description de la liaison chimique, de la localisation des électrons ainsi que les distributions de la densité de charge. Dans le souci d'une vision complète, ils ont [115] étendu les études aux caractéristiques concernant le magnétisme (spin, couplage spin-orbite, le magnétisme de l'état fondamental).

Afin de ne pas alourdir le manuscrit le lecteur pourra se référer aux trois articles suivants :

1- Jain et al. [120] dans lequel est présenté un état de l'art sur la recherche et la compréhension fondamentale des propriétés physiques, chimiques et structurales des hydrures complexes légers comme les Alanates, borohydrures, amides borohydrures, système amide-imide, Amineborane etc... De nombreux détails de ces matériaux ont été incorporés comme la synthèse, la structure cristalline, la thermodynamique et la cinétique des procédés d'hydrogénation, la réversibilité et la capacité de stockage de l'hydrogène.

2- George et al. [38] qui ont examiné les études et l'état de l'art sur les structures des phases de transition ainsi que la décomposition des hydrures de métaux légers, les borohydrures et alanates des éléments qui appartiennent au premier et deuxième groupe dans le tableau périodique.

3- Parker [118], dans lequel est discuté la spectroscopie vibrationnelle et les liaisons chimiques d'une large gamme d'hydrures complexes et hydrures métalliques ternaires. L'auteur a jeté la lumière sur la comparaison et aussi la complémentarité de la spectroscopie vibrationnelle et les calculs *ab initio*.

Références

[1] P. Dantzer, Materials Science and Engineering A329–331 (2002) 313–320.

[2] V. Paul-Boncour, Journal of Advanced Science, 19[1-2] (2007) 16-21.

[3] L. Schlapbach, A. Züttel, Nature 414 (2001) 353-358.

[4] Fuel Cells Bulletin, march 2005 page 7.

[5] N. Bento, Energy policy 38 (2010) 7189-7199.

[6] S. Bakker, International Journal of Hydrogen Energy 35 (2010) 6784-6793.

[7] Department Of Energy, Multi-Year Research, Development and Demonstration Plan (2009) 1-22.

[8] D. Mori, K. Hirose, international journal of hydrogen energy 34 (2009) 4569–4574.

[9] W. Feng, S. Wang, W. Ni, C. Chen, International Journal of Hydrogen Energy, 29 (2004) 355-367.

[10] T. Graham, Phil. Trans. Roy. Soc. (London) 156 (1866) 399-439.

[11] A. Sieverts, Z. Phys. Chem. 60 (1907) 129–201.

[12] A. Sieverts, G. Zapf, H. Moritz, Z. Phys. Chem. 183 (1938) 19–37.

[13] A. Sieverts, E. Jurish, A. Metz, Z. Anorg. Chem. 91 (1915) 1–45.

[14] L. Kirschfeld, A. Sieverts, Z. Phys. Chem. 145(3–4) (1929) 227–240.

[15] E. David, J. Mater. Process. Technol. 162–163 (2005) 169–177.

[16] W. Grochala and P.P. Edwards, Chem. Rev. 104 (2004) 1283–1315

[17] L. George, S. K. Saxena, International Journal of hydrogen energy 35 (2010) 5454-5470.

[18] A. K. M. A. Islam Phys. Status Solidi b 180 (1993) 9-57.

[19] D. Kh. Blat, N. E. Zein, V. I. Zinenko, J. Phys.: Condens. Matter 3 (1991) 5515.

[20] H. Smithson, C. A. Marianetti, D. Morgan, A. Van der Ven, A. Predith, G. Ceder, Phys. Rev. B 66 (2002) 144107-1.

[21] S. Lebegue, M. Alouani, B. Arnuad, W. E. Pickett, Europhys. Lett. 63 (2003) 562.

[22] B. Bogdanovic, R. A. Brand, A. Marjanovic, M. Schwickardi, J. Tolle, J. Alloy. Compd 302 (2000) 36.

[23] P. Vajeeston, P. Ravindran, R. Vidya, H. Fjellvåg, A. Kjekshus, Appl. Phys. Lett. 82 (2003) 2257.

[24] G. Auffermann, G. D. Barrera, D. Colognesi, G. Corradi, A. J. Ramirez-Cuesta, M. Zoppi, J. Phys.: Condens. Matter 16 (2004) 5731.

[25] D. Colognesi, A. J. Ramirez-Cuesta, M. Zoppi, R. Senesi, T. Abdul-Redah, Physica B 350 (2004) 983.

[26] N. N Novakovic, I. Radisavljevic, D. Colognesi, S. Ostojic, N. Ivanović, J. Phys.: Condens. Matter 19 (2007) 406211.

[27] E. Wiberg, E. Amberger, *"Hydrides of the elements of main groups I-IV"*, Elsevier publishing company, Amsterdam, 1971.

[28] C. Y. Xiao, J. L. Yang, K. M. Deng, Z. H. Bian, K. L. Wang, J. Phys.: Condens. Matter 6 (1994) 8539-8547.

[29] P. Vajeeston, P. Ravindran, A. Kjekhus, H. Fjellvag, Appl. Phys. Lett. 84 (2004) 34-36.

[30] P. Villars (Ed.), Pearson's Handbook Desk Edition, Vol. 1, ASM International, 1997.

[31] P. Villars (Ed.), Pearson's Handbook Desk Edition, Vol. 2, ASM International, 1997.

[32] R. Yu, P. K. Lam, Phys. Rev. B 37 (1988) 8730-8737.

[33] T. Noritake, M. Aoki, S. Towata, Y. Seno, Y. Hirose, E. Nishibori, M. Takata, M. Sakata, Appl. Phys. Lett. 81 (2002) 2008-2010.

[34] E. Zintl and A. Harder, Z. Elektrochem. 41 (1935) 5.

[35] U. Hantsch, B. Winkler, V. Milman, Chemical Physics Letters 378 (2003) 343-348.

[36] L. N. Vidal, P. A. M. Vazquez, Chemical Physics 321 (2006) 209-214.

[37] D. Colognesi, G. Barrera, A. J. Ramirez-Cuesta, M. Zoppi, J. Alloy. Compd. 427(2007) 18-24.

[38] L. George, S. K. Saxena, International Journal of Hydrogen energy 35(2010) 5454-5470.

[39] B. Sakintuna, F. Lamari-Darkrim, M. Hirscher, International Journal of Hydrogen Energy 32 (2007) 1121 – 1140.

[40] J.F. Stampfer, C.E. Holley, J.F. Suttle, J. Am. Chem Soc 82 (1960) 3504–3508.

[41] C.X. Shang, M. Bououdina, Y. Song, Z. X. Guo, International Journal of Hydrogen Energy 29(2004) 73-80.

[42] H. Reule, M. Hirscher, A. Weißhardt and H. Krönmuller, J. Alloy. Compd. 305 (2000) 246–252.

[43] P. Tessier, H. Enoki, M. Bououdina and E. Akiba, J. Alloy. Compd. 268 (1998) 285–289.

[44] J. Huot, E. Akiba and T. Takada, J. Alloy. Compd. 231 (1995) 815–819

[45] Y. Chen, J.S. Williams J. Alloy. Compd. 217 (1995) 181–184.

[46] L. Zaluski, A. Zaluska and J.O. Ström-Olsen, J. Alloy. Compd. 253–254 (1997) 70–79.

[47] S. Bouaricha, J.P. Dodelet, D. Guay, J. Huot, S. Boily, R. Schulz, J. Alloy. Compd. 297 (2000) 282–293.

[48] P. Wang, A. Wang, H. Zhang, B. Ding, Z. Hu, J. Alloy. Compd. 297 (2000) 240–245.

[49] P. Wang, H.F. Zhang, B.Z. Ding and Z.Q. Hu, J. Alloy. Compd. 313 (2000) 209–213.

[50] L. Fabing, J. Lijun, D. Jun, W. Shumao, L. Xiaopeng, Z. Feng, Int J Hydrogen Energy 2006 (31) 581-585.

[51] G. Liang, J. Alloy. Compd. 370 (2004) 123–128.

[52] B. Bogdanovic, A. Reiser, K. Schlichte, B. Spliethoff and B. Tesche, J. Alloy. Compd. 345 (2002) 77–89.

[53] A. Reiser, B. Bogdanovic and K. Schlichte, Int J Hydrogen Energy 25 (2000) 425–430.

[54] A. Züttel, P. Wenger, S. Rentsch, P. Sudan, Ph. Mauron and Ch. Emmenegger, J Power Sources 118 (2003) 1–7.

[55] D. Kyoi, T. Sato, E. Rönnebro, N. Kitamura, A. Ueda and M. Ito *et al.*, J. Alloy. Compd. 372 (2004) 213–217.

[56] G. Liang, J. Huot, S. Boily, A.V. Nestea and R. Schulz, J. Alloy. Compd. 292 (1–2) (1999) 247–252.

[57] Z. Dehouche, R. Djaozandry, J. Huot, S. Boily, J. Goyette and T.K. Bose *et al.*, J. Alloy. Compd. 305 (2000) 264–271.

[58] M.Y. Song, J.-L. Bobet and B. Darriet, J. Alloy. Compd. 340 (2002) 256–262.

[59] N.E. Tran, M.A. Imam and C.R. Feng, J. Alloy. Compd. 359 (2003) 225–229.

[60] N.E. Tran, S.G. Lambrakos and M.A. Imam, J. Alloy. Compd. 407 (2006) 240–248.

[61] A. Zaluska, L. Zaluski and J.O. Ström-Olsen, J. Alloy. Compd. 288 (1999) 217–225.

[62] R. Baer, Y. Zeiri and R. Kosloff, Phys Rev B 55 (16) (1997) 952–974.

[63] J. Bloch and M.H. Mintz, J. Alloy. Compd. 253–254 (1997) 529–541.

[64] F.C. Gennari, F.J. Castra, G. Urretavizcaya and G. Meyer, J. Alloy. Compd. 334 (2002) 277–284.

[65] K.S. Jung, E.Y. Lee and K.S. Lee, J. Alloy. Compd. 421 (1–2) (2005) 179–184.

[66] Z. Dehouche, T. Klassen, W. Oelerich, J. Goyette, T.K. Bose and R. Schulz, J. Alloy. Compd. 347 (2002) 319–323.

[67] A. Zaluska and L. Zaluski, J. Alloy. Compd. 404–406 (2005) 706–711.

[68] G. G. Libowitz, H. F. Hayes et T. R. P. Gibb Jr., J. Phys. Chem. 62 (1958) 76.

[69] J. H. N. Van Vucht, F. A. Kuijpers et H. C. A. M. Bruning, Phillips Res. Rep. 25 (1970) 133.

[70] J. H. N. Yvon et P. Fischer, *Crystal and magnetic structures of ternary metal hydrides : A comprehensive review – Topics in Applied Physics : Hydrogen in Intermetallic Compounds I*, 63, Springer, Berlin Heidelberg (1988).

[71] S. F. Matar, Chem. Phys. Lett. 473 (2009) 61.

[72] E. W. Justi, H. H. Ewe, A. W. Kalberlah, N. M. Saridakis, M. H. Schaefer, Energy Conversion 10 (1970) 183–187.

[73] Y. Osumi, H. Suzuki, A. Kato, M. Nakane, Y. J. Miyake, Less-Common Met. 72 (1980) 79–86.

[74] J. Reilly, R. Wiswall, Inorg. Chem. 13 (1974) 218–222.

[75] K. Otsuka, X. Ren, Intermetallics 7 (1999) 511–528.

[76] K. Otsuka, X. Ren, Prog. Mater. Sci. 50 (2005) 511–678

[77] R. Burch, N. B. Mason, J.Chem. Soc. Faraday Trans. I 75 (1979) 561–577.

[78] D. Noreus, P. Werner, K. Alasafi, E. Schmidt-Ihn, Int. J. Hydrogen Energ.10 (7-8) (1985) 547–550.

[79] J. Soubeyroux, D. Fruchart, G. Lorthioir, P. Ochin, D. Colin, J. Alloys Compd. 196 (1993) 127–132.

[80] D. Gualtieri, K. Narasimhan, T. Takeshita, J. Appl. Phys. 47 (1976) 3432–3434.

[81] D. Gualtieri, W. Wallace, J. Less-Common Met. 55 (1977) 53–59.

[82] G. Srinivas, V. Sankaranarayanan, S. Ramaprabhu, Int. J. Hydrogen Energ. 32 (2007) 2965–2970.

[83] H. Li, K. Ishikawa, K. Aoki, J. Alloys Compd. 388 (2005) 49–58.

[84] M. Kandavel, S. Ramaprabhu, Intermetallics 15 (2007) 968–975.

[85] M. Kandavel, V. Bhat, A. Rougier, L. Aymarda, G. Nazrib, J. Tarascona, Int. J. Hydrogen Energ. 33 (2008) 3754–3761.

[86] D. Noreus, L.G. Olsson, P.E. Werner, J. Phys. F : Met. Phys. 13 (1983) 715.

[87] P. Selvam, B. Viswanathan, V. Srinivasan, Int. J. Hydrogen Energ. 14 (1989) 687–689.

[88] O. Boser, J. Less-Common Met. 46 (1976) 91–99.

[89] S. Tanaka, J. Clewley, T. B. Flanagan, J. Less-Common Met. 56 (1977) 137–139.

[90] H. Dhaou, F. Askri, M. Ben Salah, A. Jemni, S. Ben Nasrallah, J. Lamloumi, Int. J. Hydrogen Energ. 32 (2007) 576–587.

[91] K. Suzuki, K. Ishikawa, K. Aoki, Mater. Trans. JIM 41 (2000) 581–584.

[92] M. Wanner, G. Friedlmeier, G. Hoffmann, M. Groll, J. Alloys Compd. 253-254 (1997) 692–697.

[93] H. Iba et E. Akiba, J. Alloy. Compd. 231 (1995) 508.

[94] G. Sandrok et G. Thomas. IEA/DOE/SNL/ Hydride Data Bases (http ://hydpark.ca.sandia.gov).

[95] S.I. Orimo, Y. Nakamori, J.R. Eliseo, A. Züttel, C.M. Jensen, Chem. Rev. 107 (2007) 4111–4132.

[96] T.N. Dymova, N.G. Eliseeva, S.I. Bakum, Y.M. Dergachev, "Direct synthesis of alkalii metal aluminum hydrides in the melt," Dokl. Akad. Nauk SSSR 215 (1974) 1369–1372.

[97] K. J. Gross, G. Sandrock, G.J. Thomas, J. Alloy. Compd. 330-332 (2002) 691-695.

[98] B. Bogdanovic, M. Schwickardi, J. Alloy. Compd. 253–254 (1997) 1.

[99] A. Zaluska, L. Zaluski and J.O. Ström-Olsen, J. Alloy. Compd. 298 (2000) 125.

[100] V.P. Balema, J.W. Wiench, K.W. Dennis, M. Pruski and V.K. Pecharsky, J. Alloy. Compd. 329 (2001) 108.

[101] J. Chen, N. Kuriyama, Q. Xu, H.T. Takeshita and T. Sakai, J. Phys. Chem. B 105 (2001) 11214.

[102] H. Morioka, K. Kakizaki, S.C. Chung and A. Yamada, J. Alloy. Compd. 353 (2003) 310.

[103] S. C. Amendola, *Process for synthesizing borohydride compounds*. 2003: US Patent 6524542.

[104] P. Chen , Z. Xiong , J. Luo , J. Lin , K. L. Tan, Nature 420 (2002) 302 – 304.

[105] B. Bogdanović , G. Sandrock, MRS Bull. 27 (9) (2002) 712 – 716.

[106] F. Schüth , B. Bogdanović , M. Felderhoff,, Chem. Commun. (Camb) 21 (2004) 2249 – 2258.

[107] A.M. Seayad, D.M. Antonelli, Adv. Mater. 16 (2004) 765 –777.

[108] M. Fichtner, Adv. Eng. Mater. 7 (2005) 443 – 455.

[109] D. Chandra, J.J. Reilly, R. Chellapa, *JOM* 58 (2) (2006) 26 – 32.

[110] B. Bogdanović, U. Eberle, M. Felderhoff, F. Schüth, Scripta Mater. 56 (2007) 813 – 816.

[111] V. Meregalli, M. Parrinello, Applied Physics A: Materials Science and Processing 72 (2001) 143.

[112] A. Zuttel, S. Primo, MRS Bulletin 27 (2002) 705.

[113] G. Kroes, E.-J. Baerends, M. Scheffler, D.A. McCormack, Accounts of Chemical Research 35 (2002) 193.

[114] Sen Zhang, Xian-Zhen Meng, Li–Li Yu, Qi Dong and Wei Quan Tian, International journal of hydrogen energy 36 (2011) 606-615

[115] S. F. Matar, Progress in Solid State Chemistry 38 (2010) 1-37.

[116] G. Cilpa, M. Guitou, G. Chambaud, Surface Science 602 (2008) 2894-2900.

[117] A.J. Ramirez-Cuesta, M.O. Jones, W.I.F. David, Materials today 12 (2009) 54-61.

[118] Stewart F. Parker, Coordination Chemistry Reviews 254 (2010) 215–234.

[119] A. Klaveness, H. Fjellvåg, A. Kjekshus, P. Ravindran, O. Swang, J. Alloy. Compd. 469 (2009) 617-622.

[120] I.P. Jain, Pragya Jain, Ankur Jain, J. Alloy. Compd. 503 (2010) 303–339.

Chapitre III
Les outils théoriques

« The test of science is its ability to predict. To predict means to tell what will happen in an experience that has never been done before » R. Feynman

Chapitre III : les outils théoriques

III.1 Introduction

Le calcul de la structure électronique des molécules et des solides est une discipline qui est née au cours du siècle dernier et qui n'a pas cessé de se développer rapidement ces quarante dernières années, parallèlement au développement de l'informatique et de techniques de calcul.

De nombreux théoriciens physiciens et chimistes ont contribué à cet essor depuis l'avènement de la mécanique quantique jusqu'au prix Nobel de chimie de W. Kohn en 1998. Le point de départ de tous ces développements est l'équation de Schrödinger dont on sait qu'elle ne peut, en général, être résolue que numériquement. Pour ce faire, il existe un certain nombre de méthodes dont celles dites de premier-principe ou *ab initio*. Par opposition aux méthodes empiriques (ou semi-empiriques), les calculs *ab initio* ne nécessitent pas d'ajustement de paramètres pour adapter les prédictions théoriques aux résultats expérimentaux. Ceci ne signifie pas pour autant que ces méthodes sont rigoureusement exactes, elles reposent en effet sur un certain nombre d'approximations qui sont plus ou moins contrôlées suivant les cas. Dans les calculs de premier-principe, la quantité importante est l'énergie de l'état électronique fondamental pour une géométrie donnée. La connaissance précise de l'énergie totale permet de déduire d'autres propriétés du système étudié.

Parmi les méthodes *ab initio*, la théorie de la fonctionnelle de la densité (DFT) est particulièrement importante. Elle consiste en la reformulation du problème quantique à N corps en un problème portant uniquement sur la densité électronique.

Nous exposons, dans la suite du chapitre, le cheminement des différentes approches qui conduisent à la formulation et la mise en œuvre de la DFT. Après introduction des concepts fondamentaux de la description quantique de la structure électronique d'un cristal parfait et les approximations essentielles, nous présenterons les implémentations de la DFT et les outils nécessaires à ces implémentations tels les notions d'ondes planes, ondes planes augmentées, ondes planes linéarisées, le potentiel tous électrons et pseudo-potentiel. Nous aborderons également brièvement

Chapitre III : les outils théoriques

la théorie de la fonctionnelle de la densité perturbée qui permet la détermination des propriétés vibrationnelles des réseaux.

III.2 Problème à N corps
III.2.1 L'équation de Schrödinger
Tout corps cristallin peut-être considéré comme un système unique composé de particules légères (électrons) et lourdes (noyaux). L'état stationnaire des particules est décrit par l'équation de Schrödinger

$$H\Psi = E\Psi \tag{3-1}$$

où H est le hamiltonien total du système. Il contient les termes d'énergie cinétique et potentielle apportés par les électrons et les noyaux que nous supposerons être aux nombres de N_e et N_α respectivement[1]. E est l'énergie totale du cristal, et Ψ la fonction d'onde totale du système, fonction des coordonnées r_i des électrons et R_α des noyaux. Elle contient toute l'information sur le système

$$\Psi = \Psi(r_1, r_2......, R_1, R_2,......) \tag{3-2}$$

L'opérateur hamiltonien comprend toutes les formes d'énergie notamment

III.2.1.1 L'énergie cinétique des électrons

$$T_e = \sum_{i=1}^{N_e} T_i = \sum_{i=1}^{N_e} \left(\frac{-\hbar^2}{2m} \Delta_i \right) \tag{3-3}$$

où m est la masse électronique.

III.2.1.2 L'énergie cinétique des noyaux

$$T_z = \sum_{\alpha} T_\alpha = \sum_{\alpha=1}^{N_\alpha} \left(\frac{-\hbar^2}{2M_\alpha} \Delta_\alpha \right) \tag{3-4}$$

où M_α est la masse d'un noyau.

III.2.1.3 L'énergie d'interaction des électrons deux à deux

$$U_e = \frac{1}{2} \sum_{\substack{i,j=1 \\ (i \neq j)}}^{N_e} \frac{e^2}{|\mathbf{r_i} - \mathbf{r_j}|} = \frac{1}{2} \sum_{\substack{i,j=1 \\ (i \neq j)}}^{N_e} U_{ij} \tag{3-5}$$

III.2.1.4 L'énergie d'interaction des noyaux deux à deux

---
[1] N_α est également le nombre d'atomes du système.

$$U_Z = \frac{1}{2}\sum_{\substack{\alpha,\beta=1\\(\alpha\neq\beta)}}^{N_\alpha} \frac{Z_\alpha Z_\beta e^2}{|R_\alpha - R_\beta|} = \frac{1}{2}\sum_{\substack{\alpha,\beta=1\\(\alpha\neq\beta)}}^{N_\alpha} U_{\alpha\beta} \qquad (3\text{-}6)$$

où Z_α est la charge d'un noyau.

III.2.1.5 L'énergie d'interaction entre les noyaux et les électrons

$$U_{eZ} = -\sum_{i=1}^{N_e}\sum_{\alpha=1}^{N_\alpha}\frac{Z_\alpha e^2}{|r_i - R_\alpha|} = \sum_{i=1}^{N_e}\sum_{\alpha=1}^{N_\alpha} U_{i\alpha} \qquad (3\text{-}7)$$

L'équation de Schrödinger peut être représentée par

$$(T_e + T_z + U_e + U_z + U_{ez})\Psi(r_1, r_2 ..., R_1, R_2 ...) = E\Psi(r_1, r_2 ..., R_1, R_2 ...) \qquad (3\text{-}8)$$

Les électrons étant des fermions, la fonction d'onde Ψ doit être antisymétrique dans l'échange de deux fermions en vertu du principe de Pauli. Toutes les propriétés observables du système électrons-noyaux sont contenues dans l'équation (3-8). Sa résolution permet d'avoir accès aux états du système et à ses propriétés physiques et chimiques.

Le problème à traiter est un problème à ($N_\alpha + N_e$) particules en interaction. A titre d'exemple, un solide comporte typiquement $\sim 10^{22}$ à 10^{23} électrons de valence par cm^3 et autant de cœurs d'ions, tous en interaction mutuelle[2], si bien qu'un calcul réaliste d'un système de particules, passant par la résolution de (3-8) est tout à fait impossible. C'est pourquoi de nombreuses approches visant à résoudre l'équation de Schrödinger font appel à des approximations fondamentales dont nous allons citer un certain nombre.

III.2.2 Le découplage entre électrons et nucléons : "l'approximation de Born-Oppenheimer"

Il s'agit de découpler le mouvement des noyaux de celui des électrons. Ceci est grandement justifié du fait de la très grande différence de masse entre noyaux et électrons. Le mouvement des noyaux, comparé à celui des électrons est très lent et les électrons ajustent leur mouvement à celui des ions quasiment instantanément. Pour les électrons, les ions sont fixes. Les ions qui ne peuvent suivre le mouvement des

---

[2] Rien que le calcul de l'énergie d'une molécule d'eau suivant cette méthode exigerait, en monopolisant les moyens de calculs considérables, des milliers d'années [1].

électrons voient ces derniers comme un potentiel électronique moyen. Toutes les transitions électroniques dues au mouvement des noyaux sont négligées. Il ne reste donc à résoudre que le hamiltonien électronique. Si l'on adopte l'hypothèse que les noyaux sont immobiles, l'équation de Schrödinger est considérablement simplifiée car T_Z est nulle et U_Z une constante qui peut-être rendue nulle par un choix convenable de l'origine de l'énergie potentielle. Nous pouvons définir une fonction d'onde ψ_e des électrons et un nouvel hamiltonien électronique défini par les opérateurs

$$H_e = T_e + U_e + U_{eZ} \tag{3-9}$$

ψ_e est solution de

$$H_e \Psi_e = E_e \Psi_e \tag{3-10}$$

Où

$$\left[\sum_{i=1}^{N_e} (\frac{-\hbar^2}{2m} \Delta_i) + \frac{1}{2} \sum_{\substack{i,j=1 \\ (i \neq j)}}^{N_e} \frac{e^2}{|r_i - r_j|} - \sum_{i=1}^{N_e} \sum_{\alpha=1}^{N_\alpha} \frac{Z_\alpha e^2}{|r_i - R_\alpha^0|} \right] \Psi_e(r, R_\alpha^0) = E_e(R_\alpha^0) \Psi_e(r, R_\alpha^0) \tag{3-11}$$

Dans l'équation (3-11) comme dans l'expression de Ψ_e, le R_α^0 figure non pas comme une variable mais plutôt comme un paramètre. L'énergie propre E_e est celle des électrons qui se meuvent dans le champ créé par les noyaux fixes. En conclusion, cette approximation qu'on appelle approximation de "Born-Oppenheimer" [2] réduit de manière significative le nombre de variables nécessaires pour décrire la fonction Ψ en éliminant tous les termes impliquant les noyaux uniquement. Il faut noter que l'idée de découpler les mouvements électronique et nucléaire perd de sa validité si la fonction d'onde Ψ_e varie brusquement avec le déplacement des noyaux. Dans ce cas, le système peut effectuer des transitions électroniques d'un état à un autre. On voit ainsi que l'approximation atteint ses limites lorsque l'on traite par exemple des problèmes de collisions. L'approximation de Born-Oppenheimer ne suffit cependant pas à elle seule à résoudre l'équation de Schrödinger, à cause de la complexité des interactions électron-électron. On a ainsi recours à des approximations supplémentaires.

III.2.3 Les approximations basées sur la fonction d'onde "approximation du champ self-consistant"

III.2.3.1 Approximation de Hartree

Historiquement, la première solution approchée de l'équation (3-11), fut obtenue par Hartree en 1928 [3-4]. La méthode consiste à réduire le problème de N_e corps à celui d'une seule particule, ce qui permet de considérer la fonction d'onde du système électronique $\Psi e\,(\mathbf{r})$ (nous omettrons la dépendance paramétrique R_α^o sur les coordonnées nucléaires) comme le produit direct des fonctions d'onde à une particule $\Psi_i(r_i)$

$$\Psi(\mathbf{r}) = \Psi_1(\mathbf{r}_1)\Psi_2(\mathbf{r}_2)\ldots\Psi_{N_e}(\mathbf{r}_{N_e}) \qquad (3\text{-}12)$$

Les électrons sont considérés comme indépendants, chacun d'eux se mouvant dans le champ moyen créé par les autres électrons et les noyaux. L'équation de Schrödinger monoélectronique, dite équation de Hartree, s'écrit sous la forme

$$h_i \Psi_i(\mathbf{r}) = \varepsilon_i \Psi_i(\mathbf{r}) \qquad (3\text{-}13)$$

où le hamiltonien h_i d'un électron est (pour alléger l'écriture des équations et puisque il ne sera plus question que d'électrons, nous adopterons à partir d'ici les unités de Hartree ($\hbar = m = e = 1$))

$$h_i = -\frac{1}{2}\Delta_i + v_{ext}(\mathbf{r}) + v_i(\mathbf{r}) \qquad (3\text{-}14)$$

où v_{ext} représente le potentiel dû aux interactions entre les noyaux et les interactions entre les électrons et les noyaux du système. Le potentiel $v_i(r)$ est le potentiel de Hartree pour le i^{eme}_ électron ; il remplace son interaction électrostatique "électron-électron" avec tous les autres électrons du système. Il s'exprime par

$$v_i(\mathbf{r}) = \int d^3\mathbf{r}' \frac{\rho_i(\mathbf{r}')}{|\mathbf{r}-\mathbf{r}'|} \qquad (3\text{-}15)$$

où $\rho_i(r)$ est la densité électronique en r à laquelle contribuent tous les états monoélectroniques du système.

$$\rho_i(\mathbf{r}) = \sum_{\substack{j=1 \\ (j \neq i)}}^{n_e} |\Psi_j(\mathbf{r})|^2 \qquad (3\text{-}16)$$

Chapitre III : les outils théoriques

En substituant les équations (3-14), (3-15) et (3-16) dans (3-13) on obtient les équations de Hartree pour un système monoélectronique

$$\left(-\frac{1}{2}\Delta_i + v_{ext}(\mathbf{r})\right)\Psi_i(\mathbf{r}) + \sum_{\substack{j=1 \\ (j\neq i)}}^{N_e} \int d^3\mathbf{r}' \frac{|\Psi_j(\mathbf{r}')|^2}{|\mathbf{r}-\mathbf{r}'|} \Psi_i(\mathbf{r}) = \varepsilon_i \Psi_i(\mathbf{r}) \qquad (3\text{-}17)$$

Le potentiel de Hartree $v_i(\mathbf{r})$ qui détermine les fonctions d'onde monoélectroniques $\psi_i(\mathbf{r})$ est exprimé en termes de ces mêmes fonctions d'onde. C'est la raison pour laquelle cette approximation est appelée approximation du champ *self-consistant*. La méthode de Hartree possède le mérite de proposer une solution self-consistante au problème de l'énergie d'un système électronique. La solution self-consistante reste toutefois une tache très ardue, surtout si le nombre d'électrons N_e mis en jeu est grand. Souvent, on confond la densité monoélectronique avec la densité électronique totale

$$\rho_i(\mathbf{r}) = \rho(\mathbf{r}) = \sum_{j=1}^{N_e} |\Psi_j(\mathbf{r})|^2 \qquad (3\text{-}18)$$

Ainsi le potentiel auquel est soumis chaque électron est le même, mais on introduit une interaction de chaque électron avec lui même, ce qui est en toute rigueur incorrect, surtout pour des systèmes localisés tels que des atomes.

III.2.3.2 Approximation de Hartree-Fock

En 1930, Fock [5] a montré que les solutions du hamiltonien (3-14) violent le principe de Pauli car non antisymétriques par rapport à l'échange de deux électrons quelconques. Le système électronique dans l'approximation de Hartree est incomplètement décrit. On peut présenter la différence entre l'énergie vraie du système multiélectronique et celle obtenue dans l'approche de Hartree comme celle qui représente le restant des interactions électroniques. Parmi les interactions manquantes, figure l'énergie d'échange. C'est l'effet qui exprime l'antisymétrie de la fonction par rapport à l'échange des coordonnées de deux électrons quelconques du système. L'antisymétrisation de la fonction d'onde électronique s'écrit en permutant deux électrons (par exemple *i* et *j*)

$$\Psi(\mathbf{r}_1,\mathbf{r}_2,...,\mathbf{r}_i,...,\mathbf{r}_j,...\mathbf{r}_{N_e}) = -\Psi(\mathbf{r}_1,\mathbf{r}_2,...,\mathbf{r}_j,...,\mathbf{r}_i,...,\mathbf{r}_{N_e}) \qquad (3\text{-}19)$$

Une telle description obéit au principe d'exclusion de Pauli qui impose à deux électrons de mêmes nombres quantiques de ne pouvoir occuper simultanément le même état quantique ainsi qu'au principe d'indiscernabilité. Dans la formulation de Hartree, le principe d'indiscernabilité n'est pas respecté puisque l'électron i occupe précisément l'état i. En 1929, Slater montre qu'il est commode de représenter les fonctions d'onde antisymétriques sous une forme matricielle. Les fonctions d'onde respectant le principe de Pauli sont représentées par des "déterminants de Slater"

$$\Psi(\mathbf{r}_1,\sigma_1;\mathbf{r}_2,\sigma_2;...\mathbf{r}_{N_e},\sigma_{N_e}) = \frac{1}{\sqrt{N_e!}} \begin{vmatrix} \Psi_1(\mathbf{r}_1,\sigma_1) & \Psi_1(\mathbf{r}_2,\sigma_2) & \cdots & \Psi_1(\mathbf{r}_{N_e},\sigma_{N_e}) \\ \Psi_2(\mathbf{r}_1,\sigma_1) & \Psi_2(\mathbf{r}_2,\sigma_2) & \cdots & \Psi_2(\mathbf{r}_{N_e},\sigma_{N_e}) \\ \cdot & & & \\ \cdot & & & \\ \cdot & & & \\ \Psi_{N_e}(\mathbf{r}_1,\sigma_1) & \Psi_{N_e}(\mathbf{r}_2,\sigma_2) & \cdots & \Psi_{N_e}(\mathbf{r}_{N_e},\sigma_{N_e}) \end{vmatrix} \qquad (3\text{-}20)$$

où σ représente le spin de l'électron.

La fonction d'onde Ψ_e donnée par (3-20) conduit aux équations de Hartree-Fock d'un système à une particule :

$$\left(-\frac{1}{2}\Delta_i + v_{ext}(\mathbf{r}) + \sum_{\substack{j=1 \\ (j\neq i)}}^{N_e} \int d^3 r' \frac{|\Psi_j(\mathbf{r}')|^2}{|\mathbf{r}-\mathbf{r}'|} \right) \Psi_i(\mathbf{r}) - \sum_{\substack{j=1 \\ (j\neq i)}}^{N_e} \delta_{\sigma_i \sigma_j} \int d^3 r' \frac{\Psi_j^*(\mathbf{r}')\cdot \Psi_i(\mathbf{r})}{|\mathbf{r}-\mathbf{r}'|} \Psi_j(\mathbf{r}) = \varepsilon_i \Psi_i(\mathbf{r}) \quad (3\text{-}21)$$

Équations dont la résolution est complexe pour des systèmes constitués d'un grand nombre d'électrons. En réalité, les interactions électron-électron ne sont pas correctement prises en compte dans l'approche de Hartree-Fock. Les corrélations entre électrons de spin antiparallèles, le caractère non local du potentiel d'échange sont autant d'éléments qui sont absents des équations (3-21). Par construction, l'énergie de Hartree-Fock EHF que l'on obtient est toujours surestimée. En effet, l'état fondamental correspond à un minimum global de l'énergie sur un ensemble de

Chapitre III : les outils théoriques

fonctions d'onde beaucoup plus étendues que celui couvert par un déterminant de Slater. Avec un déterminant tel que (3-20) on n'espérait qu'à obtenir une borne supérieure de l'énergie du fondamentale. On montre, néanmoins, que l'on s'approche graduellement de l'état fondamental en écrivant Ψ comme une somme de déterminants de Slater. Cette méthode alourdit considérablement la résolution des équations de Hartree-Fock. A ce type de calculs, il existe une alternative constituée par ce que l'on nomme la méthode de la fonctionnelle de la densité (DFT) [6].

III.2.4 La théorie de la fonctionnelle de la densité (DFT)

III.2.4.1 Les débuts de la DFT

Le concept fondamental sur lequel repose la théorie est que l'énergie d'un système électronique peut-être exprimée en fonction de sa densité électronique. L'idée est ancienne et remonte aux travaux de Thomas [7] et Fermi [8]. A y regarder de près, l'utilisation de la densité électronique comme variable fondamentale pour décrire les propriétés d'un système a toujours existé en *leitmotiv* dans toutes les approches de la structure électronique de la matière mais la justesse de cette façon de procéder n'a été prouvée que par la démonstration de deux théorèmes de Kohn et Sham [6].

Notons qu'il est attractif d'utiliser la densité électronique car elle ne dépend localement que des trois coordonnées spatiales (six si l'on considère les populations de spins $\uparrow$ et $\downarrow$ pour décrire les systèmes magnétiques. En revanche, la description d'un système avec une fonction d'onde à plusieurs électrons exigerait $3N$ variables pour N électrons.

Nous décrivons brièvement deux méthodes de type DFT basées sur l'hypothèse que l'énergie peut s'exprimer en termes de la densité électronique du système.

L'approche de Thomas-Fermi

La théorie de Thomas [7] et Fermi [8] est une théorie de la fonctionnelle de la densité en ce sens que les contributions cinétique et électrostatique à l'énergie électronique totale sont exprimées en termes de la densité électronique. Elle est construite sur la subdivision du système inhomogène en "petites boites" élémentaires de volume dr^3, dans lesquelles les électrons se comportent comme un gaz homogène

Chapitre III : les outils théoriques

de densité constante. On voit apparaître ainsi le concept important de densité locale. De plus amples détails sur la méthode peuvent être trouvés dans la référence [9].

La méthode Xα

Il s'agit là du prédécesseur immédiat à l'approche DFT moderne. La méthode fut formulée par Slater en 1951 [10]. Elle se présente comme une solution approchée aux équations de Hartree-Fock. Dans cette méthode, l'énergie d'échange dans l'approche de Hartree-Fock est donnée par :

$$E_{x\alpha}[\rho] = -\frac{9}{4}\alpha\left(\frac{3}{4\pi}\right)^{\frac{1}{3}}\int d\mathbf{r}\ \rho(\mathbf{r})^{4/3} \tag{3-22}$$

L'énergie d'échange apparaît donc comme une fonctionnelle de la densité électronique ρ et contient un paramètre ajustable α. Le paramètre a été optimisé empiriquement pour chaque atome [11] et sa valeur se situe entre 0.7 et 0.8 pour la plupart des atomes. Pour un gaz électronique homogène, sa valeur est exactement 2/3 [12].

III.2.4.2 La théorie de la fonctionnelle de la densité

Les méthodes *ab initio* cherchent à prédire les propriétés des matériaux par la résolution des équations de la mécanique quantique, sans utiliser de variables ajustables. Parmi ces méthodes, la théorie de la fonctionnelle de la densité (DFT) est une reformulation du problème quantique à N corps en un problème portant uniquement sur la densité électronique. Aujourd'hui, la DFT est l'une des méthodes les plus utilisées pour les calculs de structure électronique des solides, car la réduction du problème qu'elle apporte permet de rendre accessible au calcul les états d'un système comportant un nombre important d'électrons[3]. C'est la méthode que nous utilisons ici pour déterminer des propriétés de certains matériaux. Ici aussi nous utilisons, sauf spécification contraire, les unités atomiques $\hbar = m = e = 1$ où m est la masse électronique et e la charge fondamentale.

III.2.4.2.1 Les fondements théoriques

---

[3] L'état fondamental est calculé à partir de la DFT et les états excités à partir de TDDFT (DFT dépendant du temps).

Chapitre III : les outils théoriques

Nous nous plaçons dans le cadre de l'approximation de Born-Oppenheimer où les degrés de liberté des noyaux et des électrons sont découplés à cause de la grande différence de masse. Les électrons réagissent instantanément aux changements de positions des ions et on peut résoudre les équations concernant les électrons en supposant que la position des noyaux est fixe. Pour déterminer l'état fondamental de *Ne* électrons, il faut calculer les énergies propres et les fonctions propres du hamiltonien à plusieurs corps

$$H = \sum_{i=1}^{N_e} -\frac{1}{2}\nabla_i^2 - \sum_{i=1}^{N_e}\sum_{\alpha} \frac{Z_\alpha}{|\mathbf{r_i}-\mathbf{r_\alpha}|} + \sum_{j\langle i}^{N_e} \frac{1}{|\mathbf{r_i}-\mathbf{r_j}|} \qquad (3\text{-}23)$$

où les indices *i* et *j* parcourent l'ensemble des électrons et α l'ensemble des noyaux. On dénomme v le potentiel extérieur pour un électron et V_{ext} le potentiel extérieur pour les *Ne* électrons

$$V_{ext}(\mathbf{r_1},\mathbf{r_2},......,\mathbf{r_{N_e}}) = \sum_{i=1}^{N_e} v(\mathbf{r_i}) = \sum_{i=1}^{N_e}\sum_{\alpha} \frac{Z_\alpha}{|\mathbf{r_i}-\mathbf{r_\alpha}|} \qquad (3\text{-}24)$$

Il faut donc résoudre l'équation aux valeurs propres

$$H(x_1,x_2,...,x_{N_e})\Psi(x_1,x_2,...,x_{N_e}) = E\Psi(x_1,x_2,...,x_{N_e}) \qquad (3\text{-}25)$$

où les variables x_i désignent à la fois les variables d'espace $\mathbf{r}_i$ et les variables de spin s_i. Comme le nombre *Ne* d'électrons pour un solide Ne $\approx 10^{23}$, le problème doit être simplifié pour pouvoir être résolu. Pour cela on cherche à substituer l'inconnue du problème $\Psi(x_1, x_2, ..., x_{Ne})$, par la variable ρ (x) qui est la densité électronique définie par

$$\rho(x) = N_e \sum_{S_i \neq S_1} \int dr_2 ... \int dr_{N_E} \Psi^*(x,x_2,...,x_{N_e}) \Psi(x,x_2,...,x_{N_e}) \qquad (3\text{-}26)$$

où l'intégration et la sommation se fait sur les variables d'espace et de spin sauf une. Il peut sembler impossible à première vue de condenser autant d'informations sur aussi peu de variables (nous sommes passés de *3Ne* variables à 3 variables si on néglige le spin). Pourtant, le premier théorème de Hohenberg et Kohn [13] autorise cette substitution de manière rigoureuse. Le second théorème de Hohenberg et Kohn [13] permet aussi d'affirmer que la résolution de ces équations peut être remplacée par la recherche du minimum de l'énergie. L'état fondamental peut être déterminé par l'énergie E_{EF}, la fonction d'onde Ψ_{EF} et la densité ρ_{EF}. La formulation des deux théorèmes de Hohenberg et Kohn est la suivante :

Théorème 1 : *L'énergie totale de l'état fondamental E est une fonctionnelle unique de la densité électronique des particules $\rho(\mathbf{r})$ pour un potentiel externe $V_{ext}(\mathbf{r})$ donné.*

Cette fonctionnelle peut s'écrire, donc, sous la forme :

$$E[\rho] = \int d^3r V_{ext}(\mathbf{r})\rho(\mathbf{r}) + F[\rho] \geq E_{EF} \qquad (3\text{-}27)$$

où $F[\rho]$ est une fonction universelle de la densité qui ne dépend ni d'un système ni du potentiel extérieur.

Théorème 2 : *Pour un potentiel V_{ext} et un nombre d'électrons N_e donnés, le minimum de l'énergie totale du système correspond à la densité exacte de l'état fondamental.*

Ce qui peut être traduit par :

$$\int d^3r V_{ext}(r)\rho_{EF}(\mathbf{r}) + F[\rho_{EF}] = E_{EF} \qquad (3\text{-}28)$$

III.2.4.2.2 L'approche de Kohn et Sham

A ce stade, il est possible maintenant de déterminer la densité ρ et toutes les propriétés de l'état fondamental de tout système par une simple recherche du minimum de l'énergie, où l'énergie est considérée comme une fonctionnelle de ρ. L'énergie s'écrit

$$E[\rho] = F[\rho] + \int \rho(\mathbf{r}) V_{ext}(\mathbf{r}) d^3r \qquad (3\text{-}29)$$

où V_{ext} a été défini en (3-24). L'expression de la fonctionnelle universelle $F[\rho]$ n'est malheureusement pas connue. Le mieux que l'on puisse faire est de trouver une approximation de $F[\rho]$ qui explicite l'expression de l'énergie à minimiser. En général on décompose la fonctionnelle en deux termes

$$F[\rho] = T[\rho] + W[\rho] \qquad (3\text{-}30)$$

Où T est l'énergie cinétique et W le terme d'interaction électronique. Le terme W peut s'écrire comme un terme de Hartree représentant l'énergie électrostatique classique d'une densité de charge ρ, plus des termes quantiques E_{xc}

$$W[\rho] = \frac{1}{2}\iint \frac{\rho(\mathbf{r})\rho(\mathbf{r}')}{|\mathbf{r}-\mathbf{r}'|} d^3r d^3r' + E_{xc}[\rho] \tag{3-31}$$

Il reste à déterminer les termes cinétique T et d'échange et corrélation E_{xc}. Sachant que T n'est pas connue pour des électrons en interaction, Kohn et Sham [6] ont proposé en 1965 un ansatz qui consiste à remplacer le système d'électrons en interaction, par un problème d'électrons indépendants évoluant dans un potentiel externe effectif V_{eff} (**r**). Ce qui donne pour le hamiltonien de Ne électrons sans interaction

$$H_s = T_s + V_{\mathit{eff}} = \sum_{i=1}^{N_e}\left(-\frac{1}{2}\nabla_i^2 + v_{\mathit{eff}}(\mathbf{r_i})\right) \tag{3-32}$$

De manière analogue, on peut dire qu'il existe une fonctionnelle énergie totale de Hohenberg et Kohn décrite par

$$E_s[\rho] = T_s[\rho] + \int v_{\mathit{eff}}(\mathbf{r})\rho(\mathbf{r})d^3r \tag{3-33}$$

dont la minimisation donne la densité exacte de l'état fondamental ρ_s. Le terme cinétique $T_s[\rho]$ est également une fonctionnelle universelle, qui représente l'énergie cinétique d'un système d'électrons sans interaction. La fonction d'onde peut toujours s'écrire

$$\Psi_s = \frac{1}{\sqrt{N_e!}} \det[\phi_1, \phi_2, ... \phi_{N_e}] \tag{3-34}$$

où les ϕ_i sont des orbitales monoélectroniques. L'énergie cinétique peut se mettre sous la forme

$$T_s = \sum_i f_i \left\langle \phi_i \left| (-\frac{1}{2}\nabla_i^2) \right| \phi_i \right\rangle \tag{3-35}$$

Où f_i est le nombre d'occupation de l'orbitale ϕ_i, vérifiant la condition de normalisation $\sum_{i=1}^{N_{occ}} f_i = N_e$, où N_{occ} sont les états occupés. La densité se met sous la forme

$$\rho_s(\mathbf{r}) = \sum_i f_i |\phi_i(\mathbf{r})|^2 \tag{3-36}$$

L'hypothèse centrale de Kohn et Sham est que pour tout système en interaction, on peut trouver un potentiel V_s tel que la densité exacte du système $\rho[\mathbf{r}]$ soit égale à la densité du système d'électrons indépendants $\rho_s[\mathbf{r}]$. On a ainsi remplacé un problème d'électrons en interaction par un problème fictif où les électrons n'interagissent pas, mais évoluent dans un potentiel effectif V_{eff}. Pour calculer ce dernier, on réécrit l'énergie totale du système comme

$$E[\rho] = T_s[\rho] + \frac{1}{2}\iint \frac{\rho(\mathbf{r})\rho(\mathbf{r}')}{|\mathbf{r}-\mathbf{r}'|} d\mathbf{r}\, d\mathbf{r}' + \int \rho(\mathbf{r}) v_{\text{ext}}(\mathbf{r}) d\mathbf{r} + E_{xc}[\rho] \qquad (3\text{-}37)$$

Dans cette équation, E_{xc} n'a pas la même signification qu'en (3-31) car il faut effectuer dans celle-ci la transposition

$$E_{xc} \to E_{xc} + T - T_s \qquad (3\text{-}38)$$

Cette énergie contient donc une partie de l'énergie cinétique qui n'est pas dans $T_s[\rho]$. Pour trouver V_{eff}, on écrit que ρ doit minimiser les deux fonctionnelles $E_s[\rho]$ et $E[\rho]$ ce qui donne

$$V_{\text{eff}}(\mathbf{r}) = V_{\text{ext}}(\mathbf{r}) + \underbrace{\int \frac{\rho(\mathbf{r}')}{|\mathbf{r}-\mathbf{r}'|} d\mathbf{r}'}_{\text{Potentiel de Hartree}} + V_{xc}[\rho](\mathbf{r}) \qquad (3\text{-}39)$$

Où $V_{xc}[\rho](\mathbf{r})$ désigne le potentiel d'échange et corrélation donné par

$$V_{xc}[\rho](\mathbf{r}) = \frac{\delta E_{xc}[\rho]}{\delta \rho(\mathbf{r})} \qquad (3\text{-}40)$$

La densité d'électrons qui satisfait l'équation (3-37) peut être obtenue en résolvant l'équation de type Schrödinger à un électron, correspondant à des électrons sans interaction se déplaçant dans un potentiel effectif $V_{\text{eff}}(\mathbf{r})$

$$\underbrace{(-\frac{1}{2}\nabla_i^2 + V_{\text{eff}}(\mathbf{r}))\phi_i(\mathbf{r})}_{H_{KS}} = \varepsilon_i\, \phi_i(\mathbf{r}) \qquad (3\text{-}41a)$$

$$\rho_s(\mathbf{r}) = \sum_i f_i |\phi_i(\mathbf{r})|^2 \qquad (3\text{-}41b)$$

où l'opérateur H_{KS} est appelé Hamiltonien de Kohn et Sham.

En remplaçant dans l'équation (3-37), l'énergie cinétique et la densité électronique par celles trouvées en résolvant le système (3-41), on trouve l'énergie totale de l'état fondamental du système. Les trois équations (3-39, 3-41a et 3-41b) interdépendantes doivent être résolues de manière self-consistante afin de trouver la densité de l'état fondamental (voir la figure III 1).

Tous les calculs de type DFT sont basés sur la résolution itérative de ces trois équations. Notons également que pour la DFT, seules l'énergie totale, l'énergie de Fermi et la densité électronique ont un sens physique. Les états ϕ_i et les énergies ε_i de Kohn et Sham ne sont que des intermédiaires de calcul. Enfin, dans la formulation de Kohn et Sham, tous les termes de l'énergie et leur potentiel associé peuvent être évalués, sauf celui d'échange et corrélation. Le terme $E_{xc}[\rho]$ n'est pas connu exactement même s'il apparaît comme un terme correctif. Dans tous les cas, on doit recourir à diverses approximations comme nous allons les décrire dans la suite.

III.2.4.2.3 La fonctionnelle d'échange et corrélation

a) L'approximation de la densité locale (LDA)

L'approximation de la densité locale (LDA) est l'approximation sur laquelle reposent pratiquement toutes les approches actuellement employées. Elle a été proposée pour la première fois par Kohn et Sham, mais la philosophie qui la sous-tend était déjà présente dans les travaux de Thomas et Fermi. Pour comprendre le concept de la LDA, rappelons d'abord comment l'énergie cinétique d'un système d'électrons $T_s(\rho)$ est traitée dans l'approximation statistique de Thomas-Fermi [7-8]. Dans un système électronique homogène de densité constante ρ celle-ci s'écrit

$$T_s^{hom}(\rho) = \frac{3}{10}(3\pi^2)^{2/3} \rho^{5/3} \qquad (3\text{-}42)$$

Dans un système inhomogène de densité $\rho(\mathbf{r})$, on peut approcher localement l'énergie cinétique par unité de volume comme suit

$$T_s(\mathbf{r}) = T_s^{hom}[\rho(r)] = \frac{3}{10}(3\pi^2)^{2/3} \rho(r)^{5/3} \qquad (3\text{-}43)$$

Chapitre III : les outils théoriques

L'énergie cinétique totale du système est obtenue en sommant l'éq. (3-43) sur la variable d'espace

$$T_s^{LDA}[\rho] = \int T_s^{\text{hom}}[\rho(\mathbf{r})]d^3r = \frac{3}{10}(3\pi^2)^{2/3}\int \rho^{5/3}(\mathbf{r})d^3r \qquad (3\text{-}44)$$

Le concept de densité locale fut étendu au calcul d'une autre composante de l'énergie totale : le terme d'échange et de corrélation. Un gaz électronique inhomogène est considéré comme localement homogène. Les effets des variations de densité sont négligés et l'énergie d'échange et de corrélation s'exprime alors par

$$E_{xc}^{LDA}[\rho] = \int \varepsilon_{xc}^{\text{hom}}[\rho(\mathbf{r})]\,\rho(\mathbf{r})\,d^3r \qquad (3\text{-}45)$$

Où $\varepsilon_{xc}^{\text{hom}}(\rho)$ est l'énergie d'échange et de corrélation par particule d'un gaz électronique homogène de densité ρ. Le terme joue le même rôle que T_s^{hom} dans l'équation (3-44). On décompose généralement $\varepsilon_{xc}^{\text{hom}}(\rho)$ en une contribution d'échange $\varepsilon_x^{\text{hom}}(\rho)$ et de corrélation $\varepsilon_c^{\text{hom}}(\rho)$. La contribution provenant de l'échange électronique dans l'approximation LDA est connue et provient de la fonctionnelle d'énergie d'échange telle que calculée par Dirac [14]

$$\varepsilon_x^{\text{hom}}[\rho] = -\frac{3}{4}\left(\frac{3}{\pi}\right)^{1/3}\rho^{4/3} \qquad (3\text{-}46)$$

La relation (3-46) doit être légèrement reformulée si l'on tient compte des spins électroniques[4]; L'approximation s'appelle alors LSDA [10]. Pour l'énergie de corrélation $\varepsilon_c^{\text{hom}}(\rho)$, des évaluations précises ont été faites par Ceperley et Alder [15] à l'aide de calculs de Monte-Carlo quantiques et dont les résultats ont permis par interpolation de fournir des formes analytiques. Il existe ainsi de nombreuses paramétrisations pour l'énergie de corrélation dont nous citerons celles de Hedin-Lundqvist [16] et Volko-Wilkes-Nusair[17]. L'approximation LDA, bien que rudimentaire dans sa conception, permet néanmoins d'obtenir de bons résultats. Une étude plus poussée a permis de montrer que ses succès étaient dûs à une compensation entre erreurs dans l'évaluation de l'énergie d'échange (sous-estimée) et

---

[4] Cette prise en compte est nécessaire par exemple lorsque les effets relativistes sont importants.

l'énergie de corrélation (surestimée) ce qui, *in fine,* permet d'obtenir des valeurs correctes pour l'énergie d'échange-corrélation.

b) L'approximation de gradient généralisé (GGA)

L'approximation consiste à aller au-delà de la LDA pour les systèmes inhomogènes en tenant compte de la variation locale de la densité $\rho(\mathbf{r})$ à travers son gradient $\nabla\rho(\mathbf{r})$. La LDA peut alors être réinterprétée comme le premier terme d'un développement en série de Taylor en fonction de ce gradient. L'approche, appelée approximation de développement de gradient (GEA)[5], aurait dû améliorer les résultats de la LDA. Dans la pratique sa mise en oeuvre a abouti à des résultats sensiblement moins bons que ceux de la LDA.

En effet, le trou d'échange-corrélation ne satisfait plus les conditions qui assuraient à la LDA un certain sens physique [9]. Pour remédier à ce problème, la fonctionnelle GEA a été modifiée de façon à respecter les principales conditions aux limites. Il a été ainsi obtenu l'approximation du gradient généralisé GGA[6] à l'origine du succès de la DFT. La forme générale de la GGA est donnée par

$$E_{xc}^{GGA}[\rho(\mathbf{r})] = \int d^3r \, f_{xc}^{GGA}[\rho(\mathbf{r}), \nabla(\mathbf{r})] \qquad (3\text{-}47)$$

où la fonctionnelle f_{xc}^{GGA} dépend de la forme de la GGA utilisée. Les fonctionnelles GGA traitent en général séparément la partie échange et la partie corrélation. L'énergie d'échange la plus simple s'exprime de la façon suivante

$$E_x^{GGA}[\rho] = E_x^{LDA}[\rho] - \sum_\sigma \int d^3r \, \rho_\sigma(\mathbf{r})^{4/3} F_x(x_\sigma) \qquad (3\text{-}48)$$

où $x_\sigma = \dfrac{|\nabla\rho_\sigma|}{\rho_\sigma^{4/3}}$. Pour le spin σ, le terme x_σ représente le gradient de densité réduit; la puissance 4/3 au dénominateur lui donnant un caractère a-dimensionnel. Différentes GGA existent ; elles diffèrent les unes des autres par la façon de paramétrer les termes LDA et la méthode de construction de f_{xc}^{GGA}. Elles dépendent également du choix des observables que l'on cherche à déterminer (structure électronique, structure

---

[5] De Gradient Expansion Approximation
[6] De Generalized Gradient Approximation

de bande, réactivité). A titre d'exemple, la fonctionnelle de PBE [18] est l'une des plus utilisées en physique.

III.2.4.2.4 Champ autocohérent (SCF)

Nous allons décrire schématiquement les grandes étapes d'un calcul DFT qui conduisent à la résolution des équations de Kohn et Sham.

On part d'une densité initiale $\rho_{in}(\mathbf{r})$ construite par sommation de densités électroniques atomiques. On calcule à l'aide de cette densité le potentiel effectif à partir de l'équation (3-39) (cette densité initiale peut également être utilisée pour calculer le potentiel de Hartree en résolvant l'équation de Poisson [19,20]). Le problème aux valeurs propres (eq. 3-41a) est alors résolu. Les fonctions d'onde ainsi déterminées, une nouvelle densité électronique $\rho_{out}(\mathbf{r})$ est construite en sommant les carrés des modules sur tous les états occupés. La densité électronique de sortie $\rho_{out}(\mathbf{r})$ est "mélangée" dans une certaine proportion à la densité de départ $\rho_{in}(\mathbf{r})$ et réintroduite dans le cycle jusqu'à l'obtention d'une charge autocohérente[7].

Le critère de convergence peut etre à la densité électronique, mais également à l'énergie totale du système en vertu du principe variationnel. En pratique on s'attache à ce que l'énergie totale ne varie plus à un seuil de tolérance près et on appelle ceci atteindre l'autocohérence.

---

[7] ou self-consistante. Le terme est un barbarisme mais il est largement utilisé.

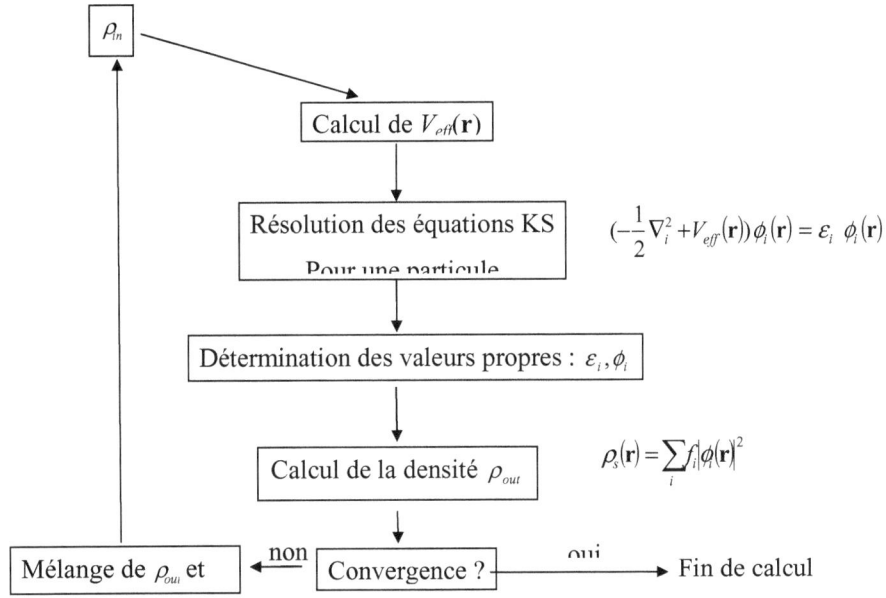

Figure III 1 Organigramme d'un calcul auto-cohérent dans une méthode basée sur la théorie de la fonctionnelle de la densité électronique

III.2.5. Les implémentations de la DFT dans le calcul de la structure électronique

Plusieurs méthodes de calcul de la structure électronique coexistent. Leur point commun est la résolution des équations de Kohn et Sham de façon autocohérente. Leurs spécificités respectives se situent au niveau de la façon de représenter et de décrire le potentiel, la densité électronique et les orbitales monoatomiques de Kohn et Sham. Le choix de la méthode doit minimiser le coût en temps mais également maintenir un niveau de précision élevé sur les résultats obtenus.

La figure III 2 présente différents traitements envisageables pour les termes de l'équation de Kohn et Sham d'après [21]. Dans cette figure, la contribution du terme d'échange et de corrélation a été écrit independament du potentiel effectif afin d'illustrer la manière dont les méthodes de calcul diffèrent à travers les différents niveaux d'approximation pour le potentiel d'échange et corrélation. Notons que les

Chapitre III : les outils théoriques

effets relativistes peuvent être inclus dans le terme d'énergie cinétique des électrons indépendants.

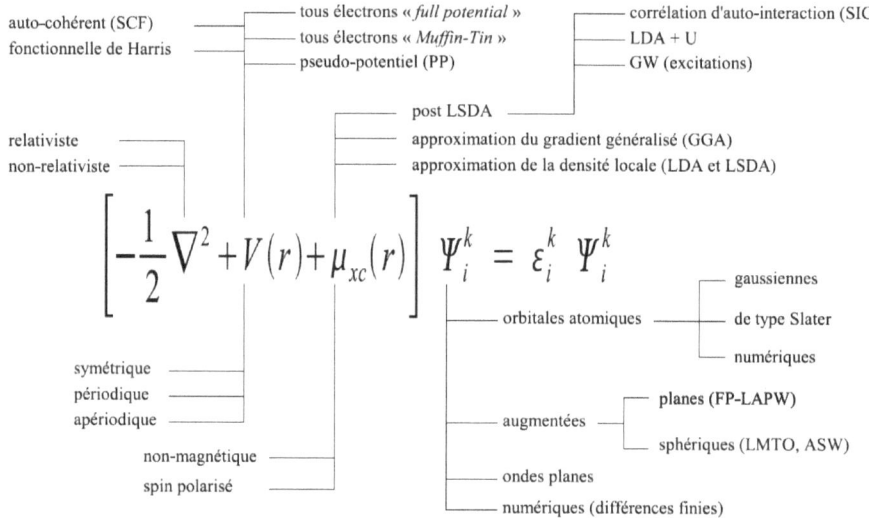

Figure III 2 Représentation de différentes méthodes de calcul basées sur la DFT, selon les traitements de l'énergie cinétique électronique, du potentiel, du terme échange-corrélation et des fonctions d'ondes [21].

La périodicité (ou son absence) du composé étudié peut-être prise en compte à travers la construction du potentiel. Sa forme peut être plus ou moins précise selon que l'on considère un potentiel "tous électrons" ou "pseudopotentiel". Des calculs tenant compte de l'état du spin des électrons peuvent être réalisés. Finalement, la base utilisée pour représenter les orbitales de Kohn et Sham peut être très variée. Elle peut être constituée de fonctions localisées ou non, mais également entièrement numériques. Dans le travail présenté ici, nous avons adopté principalement deux approches : la méthode "pseudopotentiel" avec une base d'ondes planes et la méthode "potentiel tous électrons" avec une base d'ondes planes linéairement augmentées (LAPW). Ces deux approches seront décrites plus loin.

III.2.5.1 Le théorème de Bloch

En supposant connues les fonctionnelles d'échange et de corrélation, il est possible de construire un hamiltonien approché du système étudié en le considérant comme la somme de hamiltoniens monoélectroniques h_m satisfaisant l'équation aux valeurs propres

$$h_m \varphi_m = \varepsilon_m \varphi_m \qquad (3\text{-}49)$$

Si le système est périodique, en vertu du théorème de Bloch, toute fonction propre du hamiltonien peut s'écrire sous forme du produit d'une fonction ayant la périodicité du réseau et d'une onde plane [9]

$$\phi_m(r) = e^{ik.r} \varphi_{n_B,k}(r) \qquad (3\text{-}50)$$

Où ϕ est la fonction d'onde du système périodique, k un vecteur de l'espace réciproque du cristal et φ une fonction périodique, de même périodicité que le système étudié, associée à une bande n_B.

L'emploi du théorème de Bloch permet d'effectuer les calculs dans une cellule elle-même partie du réseau dans l'espace réel. Le réseau réciproque associé est également périodique et sa cellule élémentaire est appelée première zone de Brillouin (PZB). Chaque reproduction de la PZB est une zone de Brillouin.

III.2.5.2 Une base d'ondes planes

Pour déterminer la fonction périodique φ, le plus simple est de l'exprimer sur une base d'ondes planes à l'aide de la série de Fourier

$$\varphi_{n_B,k}(\mathbf{r}) = \sum_g C_{n_B,k}(\mathbf{g}) e^{i\mathbf{g}.\mathbf{r}} \qquad , \quad n_B = 1,....,N_e \qquad (3\text{-}51)$$

où $\mathbf{g}$ représente un vecteur du réseau réciproque et $\mathbf{k}$ un vecteur de la zone de Brillouin. L'expression de la fonction d'onde totale est alors

$$\phi_m(\mathbf{r}) = \sum_g C_{n_B,k}(\mathbf{g}) e^{i(\mathbf{g}+\mathbf{k}).\mathbf{r}} \qquad (3\text{-}52)$$

En principe, cette décomposition devrait permettre la résolution des équations de Kohn et Sham ; Toutefois, dans la pratique les choses ne sont pas aussi simples car l'existence d'une infinité de vecteurs $\mathbf{k}$ appartenant à la PZB et d'une infinité de vecteurs **g** de l'espace réciproque font obstacle à un tel calcul. Cependant, ces problèmes peuvent être surmontés. Ainsi pour les vecteurs **k**, on discrétise la PZB et on suppose qu'il existe une évolution continue des bandes entre deux points **k**. Cette procédure est désignée par le terme échantillonnage des points **k**. De nombreuses procédures existent pour générer les pavages de points **k**, nous citerons celle de Chadi et Cohen [22] et son extension par Monkhorst et Pack [23] qui a été utilisée dans ce travail. La qualité d'un échantillonnage est évaluée en comparant les résultats obtenus avec ceux d'une grille plus fine obtenue en augmentant le nombre de points **k**.

III.2.5.3 Ondes planes augmentées (APW) et ondes planes augmentées linéarisées (LAPW)

Les électrons des solides proches du noyau étant localisés, ils peuvent difficilement être décrits par des ondes non-localisées. Il est plus adéquat de développer les fonctions $\varphi_{n_B,\mathbf{k}}(\mathbf{r})$ de l'éq. (3-51) non pas sur une base d'ondes planes mais sur une base combinant des orbitales atomiques localisées au voisinage du noyau et des ondes planes loin de celui-ci. C'est la méthode dite des ondes planes augmentées. L'espace réel du système est divisé entre sphères "muffin-tin" (MT)[8] de rayon R_α autour du noyau atomique et une partie interstitielle. Les fonctions d'onde d'un cristal sont développées sur des bases différentes selon la région considérée; solutions radiales de l'équation de Schrödinger à l'intérieur de la sphère MT et ondes planes dans la région interstitielle. Ainsi, les fonctions d'ondes du cristal sont écrites de la façon suivante

$$\phi_{\mathbf{k}}(\mathbf{r}) = \begin{cases} \sum_{l,m} A_{lm} u_l(r) Y_l^m(\hat{\mathbf{r}}) & r < R_\alpha \\ \dfrac{1}{\sqrt{V}} \sum_{\mathbf{g}} c_{\mathbf{g}}(\mathbf{g}) e^{i(\mathbf{k}+\mathbf{g}).\mathbf{r}} & r > R_\alpha \end{cases} \quad (3\text{-}53)$$

où V est le volume de la cellule de base du réseau, $c_{i,\mathbf{g}}$ les coefficients du développement des ondes planes. Les A_{lm} sont des coefficients déterminés de telle sorte à satisfaire aux conditions de continuité entre les zones MT et interstitielles. Les u_l sont les solutions régulières de la partie radiale de l'équation de Schrödinger et les

---

[8] C'est à dire des sphères qui ne s'interpénètrent pas.

Chapitre III : les outils théoriques

Y_l^m les harmoniques sphériques. Cette méthode trouve ses origines dans les travaux de Slater [24] qui a justifié le choix des fonctions (3-53) en notant que les ondes planes sont des solutions de l'équation de Schrödinger lorsque le potentiel est constant et que les solutions radiales le sont dans le cas d'un potentiel sphérique.

La méthode APW [25-26], ainsi construite, présente quelques difficultés liées à la détermination des coefficients A_{lm}. En effet, les fonctions d'onde radiales ne sont pas ici tenues de s'annuler à l'infini (condition qui déterminerait les énergies propres du système). Par contre, pour chaque sphère MT, on doit imposer la continuité de l'onde plane[9] à l'extérieur de la sphère avec la fonction à l'intérieur et ce sur toute la surface de la sphère. Ceci peut-être réalisé en développant les ondes planes de l'éq. (3-53) en ondes partielles.

$$\frac{1}{\sqrt{V}}e^{i(\mathbf{k}+\mathbf{g}).\mathbf{r}} = \frac{4\pi}{\sqrt{V}}\sum_{lm} i^l j_l\left(\|\hat{\mathbf{k}}+\hat{\mathbf{g}}\|\|\hat{\mathbf{r}}'\|\right) Y_l^{m*}(\hat{\mathbf{k}}+\hat{\mathbf{g}}) Y_l^m(\hat{\mathbf{r}}') \qquad (3\text{-}54)$$

où les j_l sont les fonctions de Bessel sphériques d'ordre l. En identifiant l'éq. (3-54) à la partie angulaire de la fonction à l'intérieur de la sphère en $\mathbf{r}' = \mathbf{R}_\alpha$ on obtient

$$A_{lm} = \frac{4\pi i^l}{\sqrt{V} u_l(E, R_\alpha)} \sum_{\mathbf{g}} c_{\mathbf{g}} j_l\left(\|\mathbf{k}+\mathbf{g}\|\|\mathbf{R}_\alpha\|\right) Y_l^{m*}\left((\hat{\mathbf{k}}+\hat{\mathbf{g}})\right) \qquad (3\text{-}55)$$

où nous avons précisé que la fonction radiale u_l est bien une fonction de l'énergie. L'éq. (3-55) détermine les coefficients A_{lm} en fonction de ceux des ondes planes de manière unique. L'énergie E apparaît ici comme un paramètre variationnel. Pour décrire les états propres du cristal à l'aide des ondes APW, l'énergie E doit être égale pour chaque onde APW à l'énergie E_l de la bande d'indice **g** mais cette énergie est précisément celle que l'on cherche. Ce qui signifie que le problème diffère du problème aux valeurs propres usuel en ce sens que les éléments de matrice du déterminant séculaire sont fonctions de l'énergie. La recherche de E_l (dite énergie pivot) est se fait rechercher de proche en proche en choisissant une valeur d'essai puis en calculant les fonctions APW et en résolvant l'équation séculaire jusqu'à ce qu'on obtienne comme racine l'énergie adéquate. Un autre problème est lié à la

---
[9] Noter que seule la continuité des fonctions est assurée sur la sphère. Celle de la dérivée ne l'est pas.

présence de la fonction u_l au dénominateur de l'éq. (3-55). Pour des énergies pour lesquelles la solution radiale est nulle ou voisine de zéro, les éléments de matrice deviennent très grands et parfois divergent et sont cause d'instabilités numériques. De manière générale, la méthode est difficile à mettre en oeuvre à cause du problème de la dépendance énergétique. Toutefois, par sa simplicité conceptuelle, elle est à la base du développement de nombreuses autres méthodes dont la méthode LAPW. Pour surmonter le problème de la dépendance énergétique fortement non-linéaire du calcul APW, des d'améliorations a été apportées à la méthode, nous citerons celles de Koeling [27] et d'Andersen [28] basées sur l'utilisation de fonctions de base linéarisées.

L'idée est d'effectuer un développement de Taylor de la fonction d'onde radiale $u_l(r)$ autour d'une certaine énergie E_0

$$u_l(r,E) = u_l(r,E_0) + (E_0 - E)\frac{\partial u_l(r,E)}{\partial E}\bigg|_{E=E_0} + o(E_0 - E)^2 \qquad (3\text{-}56)$$

On obtient de cette manière les ondes planes linéarisées augmentées LAPW

$$\phi_k(\mathbf{r}) = \begin{cases} \sum_{l,m}(A_{lm}u_l(r) + B_{lm}\dot{u}_l(r))Y_l^m(\hat{\mathbf{r}}) & r < R_\alpha \\ \dfrac{1}{\sqrt{V}}\sum_{\mathbf{g}} c_{\mathbf{g}}(\mathbf{g})e^{i(\mathbf{k}+\mathbf{g}).\mathbf{r}} & r > R_\alpha \end{cases} \qquad (3\text{-}57)$$

Les deux paramètres A et B, qui doivent être déterminés à l'aide des conditions aux limites assurent maintenant que la fonction à l'intérieur de la sphère soit raccordée en R_α aux ondes planes tant en valeur qu'en pente. La dépendance énergétique des fonctions d'onde a été levée. De plus une valeur nulle de u_l en R_α est sans conséquence sur la continuité à la surface car sa dérivée sera différente de zéro. Ainsi, il est possible d'obtenir avec une seule énergie de pivot toutes les bandes de valence dans une grande fenêtre énergétique. Il existe toutefois un prix à payer en faisant le choix de la linéarisation : c'est d'accepter une erreur sur les fonctions d'onde de l'ordre de $(E_0 - E)^2$ (les énergies propres sont connues à $(E_0 - E)^4$). Les énergies de linéarisation peuvent être avantageusement choisies au centre de gravité

Chapitre III : les outils théoriques

des bandes occupées. Pour plus de détails sur les méthodes APW et LAPW, on peut consulter les références suivantes [9,25-26].

Au delà des fonctions de base, solutions des équations de Kohn et Sham, l'implémentation DFT nécessite le choix d'un potentiel. Pour les deux bases APW et LAPW, un potentiel "tous électrons" ou potentiel complet est adapté car il suit une division, qui semble naturelle, en région proche du noyau (électrons du coeur) et région lointaine (électrons de valence). Notons que la méthode LAPW dans la version "tous électrons" va au delà de l'approximation "muffin tin" car le potentiel n'est pas contraint à être sphérique dans les sphères et constant entre elles. Les méthodes à potentiel complet (Full Potential FP) sont d'une grande précision pour le calcul des énergies. La version FP-LAPW présente par exemple le double avantage d'offrir une description complète du potentiel et des électrons. On y a recours quand les propriétés visées font intervenir les électrons du cœur (spectroscopie d'absorption X, Effet Mössbauer, ...) ou que la précision exigée sur l'énergie soit conséquente (calcul des enthalpies de réaction, énergie de cohésion, ...).

III.2.5.4 La méthode des pseudopotentiels

La méthode des pseudopotentiels est intimement liée au concept central de déphasage d'onde. Les propriétés de diffusion d'un potentiel sphérique localisé à une énergie donnée E peuvent être formulées en terme de déphasages $\delta_l(E)$ où l représente le moment angulaire. De nombreuses observables en physique telles que la section efficace de diffusion, la résistivité dans les métaux, due à des impuretés, les états électroniques et les structures de bandes de cristaux sont calculés à l'aide des déphasages. Un fait va prendre une importance considérable : les propriétés de la fonction d'onde à l'extérieur de la région diffusive ne sont pas modifiées lorsque le déphasage change de 2π. Pour comprendre l'exploitation qui peut être faite de cette invariance, considérons des atomes d'un réseau solide. Généralement les couches saturées (K, L ...) d'un de ces atomes sont très localisées autour du noyau, ce qui permet de définir un volume ionique, ou coeur, qui constitue une faible fraction du volume atomique. Aux très faibles distances du noyau le potentiel dû à l'ion est très fort et peut difficilement être considéré comme petit. Les couches saturées sont presque les mêmes que celles de l'atome libre, mais pour des raisons d'orthogonalité, la fonction d'onde d'un électron de valence oscille rapidement dans la région du coeur. La décomposition de ces oscillations en ondes planes nécessite un grand nombre de termes ce qui en rend l'usage difficile. Pour parer à cette difficulté, est née l'idée d'utiliser l'indétermination du déphasage en construisant un potentiel plus faible (dit pseudopotentiel) que le potentiel réel et qui donnerait le même déphasage (modulo π) à l'extérieur du coeur. L'idéal étant que le pseudopotentiel supprime tous les nœuds de la fonction d'onde de valence dans le coeur en la laissant inchangée au-delà. Le déphasage dépendant du moment angulaire l et de l'énergie, un pseudopotentiel qui donne le déphasage correct va donc dépendre de ces deux quantités[10]. La dépendance énergétique apparaît comme un inconvénient (cette difficulté est déjà apparue dans la méthode APW). Toutefois, comme nous allons le montrer, cette dépendance peut être supprimée en connexion avec la densité électronique liée au pseudopotentiel. Même si un pseudopotentiel donne le même déphasage qu'un potentiel complet[11], les fonctions d'onde dans la région de valence des deux potentiels, bien que similaires, diffèrent par une constante de normalisation. La conséquence est que les charges respectives sont distribuées différemment entre les régions du coeur et de valence ; la différence de charge résultante est dite "trou d'orthogonalité". Le comportement correct est obtenu après mise à l'échelle de toute la pseudo fonction d'onde. Il apparait ainsi que la normalisation des états est liée à la dépendance énergétique du pseudopotentiel. Toutefois, on peut montrer [29] que pour le potentiel complet (qui ne dépend pas de l'énergie), la charge dans la sphère autour du noyau de rayon r_c, calculée à l'aide de la solution Ψ de l'équation de Schrödinger à l'énergie E est liée à la dérivée énergétique de la fonction d'onde en r_c

$$\int_{coeur} d^3r |\Psi(r)|^2 = -\frac{1}{2} \int d\Omega \left[r^2 \Psi(r) \frac{\partial^2 \Psi(r)}{\partial r \partial E} \right]_{r=r_c} \tag{3-58}$$

---

[10] Noter que s'il n'existe pas d'états du coeur d'un l donné, la fonction d'onde valence ne possède pas de noeud et la méthode du pseudopotentiel s'avère moins efficace (citons le cas des métaux de transition 3d).
[11] Les fonctions d'onde étant normalisées dans tous les cas.

Chapitre III : les outils théoriques

Dans le cas d'un pseudopotentiel dépendant de l'énergie V^{ps} de fonction propre ϕ, l'équation précédente fait apparaitre dans le membre de droite une intégrale sur la dérivée énergétique de V^{ps}

$$\int_{coeur} d^3r |\phi(\mathbf{r})|^2 = -\frac{1}{2}\int d\Omega \left[r^2 \phi(\mathbf{r}) \frac{\partial^2 \phi(\mathbf{r})}{\partial r \partial E} \right]_{r=r_c} + \int_{coeur} d^3r \frac{\partial V^{ps}(\mathbf{r},E)}{\partial E}|\phi(\mathbf{r})|^2 \qquad (3\text{-}59)$$

Le premier terme du membre de droite de (3-59) est égal au membre de droite de l'éq. (3-58) si l'amplitude de ϕ est fixée égale à celle de Ψ en r_c. Ainsi les deux solutions possèdent la même quantité de charge dans le coeur et le second terme de (3-59) est nécessairement nul et le pseudopotentiel indépendant de l'énergie. La résolution du problème du trou d'orthogonalité permet, au final, de résoudre le problème de la charge et de la dépendance énergétique simultanément. La propriété qui consiste à faire coïncider la densité électronique réelle avec celle obtenue avec le pseudopotentiel pour chaque orbitale de valence définit les pseudopotentiels à norme conservée. L'éq. (3-59) s'écrit traditionnellement dans le cas d'une symétrie sphérique

$$-\frac{1}{2}\frac{\partial}{\partial E}\frac{\partial}{\partial r}\ln R(r,E)\bigg|_{r=r_c} = \frac{1}{[r_c R(r_c,E)]^2}\int_0^{r_c} R^2(r,E) r^2 dr \qquad (3\text{-}60)$$

où $R(r,E)$ est la fonction d'onde radiale associée à l'énergie propre E. L'éq. (3-60) constitue un test important pour établir une propriété très recherchée pour les pseudopotentiels : la transférabilité. C'est à dire prolonger à des environnements complexes un pseudopotentiel obtenu pour un environnement donné, en général simple tel un atome sphérique.

Les contraintes citées permettent d'obtenir des pseudopotentiels de bonne qualité, mais laissent une grande liberté de choix dans la région du coeur. De nombreuses méthodes ont ainsi été développées pour générer des pseudopotentiels, chacune imposant des conditions supplémentaires. Par exemple, la méthode de Bachelet, Hamann et Schlüter [30] nécessite des rayons de coupure petits et des fonctions d'onde se rapprochant exponentiellement des fonctions d'onde de valence au delà de r_c. La méthode de Kerker [31] utilise une fonction analytique avec des paramètres

Chapitre III : les outils théoriques

ajustables pour représenter les orbitales de valence dans la région du coeur. La méthode de Troullier et Martins [32] prolonge la méthode de Kerker en imposant à la fonction analytique des conditions de régularité supplémentaires à l'origine. Nous donnons ici une brève description de la méthode de Troullier et Martins qui a été utilisée pour générer des pseudopotentiels.

III.2.5.3.1 Méthode de Troullier et Martins [32]

Le pseudopotentiel est construit suivant la procédure de Kerker [31] qui à partir de la diponibilité d'une fonction d'onde propre de valence radiale "tous électrons" $R_l^{AE}(r)$ définit une pseudo-fonction d'onde

$$R_l^{ps}(r) = \begin{cases} r^l e^{p(r)} & r \leq r_c \\ R_l^{AE}(r) & r \geq r_c \end{cases} \qquad (3\text{-}61)$$

où $p(r)$ est un polynôme de degré 4

$$p(r) = \sum_{\substack{i=0 \\ i \neq 1}}^{4} c_i r^i \qquad (3\text{-}62)$$

Le terme c_1 est omis de façon à éviter une singularité du pseudopotentiel en $r = 0$. Les quatre coefficients restants du polynôme sont déterminés à partir de quatre conditions :

(i) conservation de la charge enfermée dans le coeur de rayon r_c

$$\int_0^{r_c} |R_l^{ps}(r)|^2 r^2 dr = \int_0^{r_c} |R_l^{AE}(r)|^2 r^2 dr \qquad (3\text{-}63)$$

(ii) continuité de la pseudo-fonction d'onde et *(iii)* − *(iv)* de ses dérivées première et seconde en $r = r_c$. Le pseudopotentiel est obtenu en inversant l'équation de Schrödinger radiale

$$V_l^{ps} = E - \frac{l(l+1)}{2r^2} + \frac{1}{2r R_l^{ps}(r)} \frac{d^2}{dr^2} [r R_l^{ps}(r)] \qquad (3\text{-}64)$$

qui se traduit explicitement en fonction du polynôme $p(r)$ par :

$$V_l^{ps}(r) = \begin{cases} E + \dfrac{l+1}{r} p'(r) + \dfrac{p''(r) + [p'(r)]^2}{2} & r \leq r_c \\ V_l^{AE}(r) & r \geq r_c \end{cases} \qquad (3\text{-}65)$$

L'avantage de la procédure réside dans la forme analytique de la pseudo-fonction d'onde et du pseudopotentiel. Le travail de Troullier et Martins fût de généraliser la méthode en considérant un polynôme *p(r)* de degré arbitraire, pour obtenir des pseudopotentiels plus doux que ceux de Kerker.

Le comportement recherché est lié à l'augmentation du rayon de coupure r_c qui, toutefois, contrarie la transférabilité du pseudopotentiel (conditionnée par l'éq. (3-60)). Les coefficients supplémentaires du polynôme apparaissent comme des degrés supplémentaires pour maintenir la transférabilité. Les solutions ne sont évidemment pas uniques, mais les deux auteurs préconisent l'utilisation d'un polynôme de degré douze ne comportant que des coefficients pairs. Sept contraintes liées à la conservation de la norme, la continuité de la fonction d'onde pseudisée et de ses quatre premières dérivées et enfin la courbure nulle du pseudopotentiel à l'origine permettent d'obtenir un pseudopotentiel ayant les qualités requises.

Pour être complet, il faut noter qu'il existe également des potentiels à norme non conservée, appelés potentiels "ultra-doux" [33]. Dans ce cas, la condition de conservation de la norme pour les fonctions d'onde est abandonnée[12] au profit d'un grand rayon de coupure et un comportement des fonctions d'onde dans le coeur le plus doux possible. L'intérêt des potentiels ultra-doux est qu'ils nécessitent très peu d'ondes planes pour décrire les fonctions d'onde.

III.3 Théorie de la fonctionnelle perturbée

III.3.1 Propriétés vibrationnelles à partir de la structure électronique

L'approximation de Born-Oppenheimer présentée précédemment permet de découpler la fonction d'onde électronique de la fonction d'onde nucléaire pour une position donnée des noyaux. La vitesse caractéristique des électrons étant très supérieure à celle des nucléons, il est raisonnable de considérer que les équations du mouvement de ces derniers sont régies par l'énergie totale *E(R)* du système électrons plus noyaux où $\mathbf{R} = \{\mathbf{R}_I\}$ représente l'ensemble des coordonnées attachées à un noyau de masse M_I. Rigoureusement, la description des noyaux est un problème à N

---

[12] On conserve toutefois la densité

corps quantiques dont la résolution est ardue [34]. Le traitement précédent, certainement nécessaire pour des atomes légers, peut être avantageusement abordé classiquement lorsque les atomes sont lourds. Le mouvement de chaque noyau peut être décrit dans ce cas par un ensemble d'équations couplées du type Newton

$$M_I \frac{d^2 R_I}{dt^2} = F_I(R) = -\frac{\partial E(R)}{\partial R_I} \qquad (3\text{-}66)$$

L'ensemble des équations (3-66) définit un problème de dynamique moléculaire. Les contributions électroniques aux forces sont calculées à partir de simulations de dynamique quantique moléculaire. L'application du théorème de Hellman-Feynman [35-36] aux coordonnées nucléaires R_I, considérées comme paramètres, permet de déterminer la force agissant sur le noyau I dans l'état fondamental (l'énergie $E(R)$ est supposée être celle de l'état fondamental)

$$F_I = -\frac{\partial E(R)}{\partial R_I} = \langle \Psi(R) | \frac{\partial H_{BO}(R)}{\partial R_I} | \Psi(R) \rangle \qquad (3\text{-}67)$$

où H_{BO} est le hamiltonen de Born-Oppenheimer qui dépend de R via l'interaction électron-ion qui couple les degrés de liberté électroniques à travers la densité de charge électronique et $\langle r | \Psi_R \rangle = \Psi(r, R)$ sa fonction d'onde du fondamental. L'équation (3-67) se transforme alors en

$$F_I = -\int dr \rho_R(r) \frac{\partial V_R(r)}{\partial R_I} - \frac{\partial E_N(R)}{\partial R_I} \qquad (3\text{-}68)$$

où $V_R(r)$ et $E_N(R)$ sont respectivement l'énergie d'interaction électrostatique électron-noyau de charge Z_I et noyau-noyau

$$V_R(r) = \sum_{i,I} \frac{Z_I e}{|r_i - R_I|} \quad ; \qquad E_N(R) = \frac{1}{2} \sum_{I \neq J} \frac{Z_I Z_J}{|R_I - R_J|} \qquad (3\text{-}69)$$

III.3.2 Approximation harmonique et matrice dynamique

L'approximation harmonique consiste à considérer que la réponse du système autour de sa position d'équilibre $R^{(0)}$ aux forces qui lui sont appliquées est élastique linéaire ou encore que l'énergie est quadratique vis à vis du déplacement relatif des nucléons

$$u_I(t) = R_I - R_I^0 = u_I e^{i\omega t} \qquad (3\text{-}70)$$

Chapitre III : les outils théoriques

Le développement à l'ordre 2 de l'énergie au voisinage de la géométrie d'équilibre, obtenue en écrivant que la résultante des forces agissant sur un noyau quelconque est nulle (i.e l'équation (3-67) vaut zéro) donne à une constante près

$$E(\mathbf{R}) = \frac{1}{2} \sum_{I,J} \sum_{\alpha,\beta \equiv (x,y,z)} \left. \frac{\partial^2 E(\mathbf{R})}{\partial \mathbf{R}_{I,\alpha} \partial \mathbf{R}_{J,\beta}} \right|_{\mathbf{R}^0} u_{I,\alpha} u_{J,\beta} \qquad (3\text{-}71)$$

La matrice des coefficients $C_{I,\alpha;J,\beta} = \left. \frac{\partial^2 E(\mathbf{R})}{\partial \mathbf{R}_{I,\alpha} \partial \mathbf{R}_{J,\beta}} \right|_{\mathbf{R}^0}$ est dite matrice dynamique ou matrice des constantes de force du système. Les équations du mouvement des noyaux obtenues à partir de (3-66) et (3-70) permettent d'écrire pour chaque noyau

$$-\omega^2 M_I u_{I,\alpha} = -\sum_{J,\beta} C_{I,\alpha;J,\beta} u_{J,\beta} \qquad (3\text{-}72)$$

Le cristal étant périodique, le théorème de Bloch permet de chercher les déplacements propres sous la forme d'ondes planes dans l'espace réciproque classés par **k** tels que $\mathbf{u}_s(\mathbf{T}_n) = \mathbf{R}_I(\mathbf{T}_n) - \mathbf{R}_I^0(\mathbf{T}_n)$ où $\mathbf{T}_n$ est une translation arbitraire du réseau de Bravais et

s = 1, ..., S un atome de la cellule $\mathbf{T}_n$ avec

$$u_s(\mathbf{T}_n) = u_{s,\mathbf{T}_n} = e^{i\mathbf{k}.\mathbf{T}_n} u_s(\mathbf{k}) \qquad (3\text{-}73)$$

L'insertion de solutions du type (3-73) dans les équations (3-72) permet de les découpler et d'écrire le déterminant séculaire dont les solutions $\omega_{i,k}$ $(i = 1,3s)$ déterminent les pulsations propres d'oscillateurs indépendants

$$\det\left| \frac{1}{\sqrt{M_s M_{s'}}} C_{s,\alpha;s',\beta}(\mathbf{k}) - \omega_{i,k}^2 \right| = 0 \qquad (3\text{-}74)$$

où les $C_{s,\alpha;s',\beta}(\mathbf{k})$ sont les coefficients réduits de la matrice dynamique pour le vecteur d'onde **k,** donnés par :

$$C_{I,\alpha;J,\beta}(\mathbf{k}) = \sum_{\mathbf{T}_n} e^{i\mathbf{k}.\mathbf{T}_n} \frac{\partial^2 E(\mathbf{R})}{\partial \mathbf{R}_{s,\alpha}(0) \partial \mathbf{R}_{s',\alpha'}(\mathbf{T}_n)} = \frac{\partial^2 E(\mathbf{R})}{\partial \mathbf{u}_{s,\alpha}(\mathbf{k}) \partial \mathbf{u}_{s',\alpha'}(\mathbf{k})} \qquad (3\text{-}75)$$

La prise en compte du caractère quantique du problème vibrationnel conduit à quantifier les excitations. La pseudo-particule qui leur est associée est le phonon, d'énergie $\hbar\omega$ et de quantité de mouvement $\hbar\mathbf{k}$, qui obéit à la statistique de Bose.

Chapitre III : les outils théoriques

La matrice dynamique peut en principe être obtenue en n'importe quel point **k**. Néanmoins, bien que les symétries permettent de limiter le nombre de perturbations nécessaires, le calcul devient rapidement prohibitif, notamment pour de grands systèmes.

En conclusion, il apparait que la grandeur indispensable pour la calcul des phonons d'un cristal est la matrice dynamique, c'est à dire les dérivées secondes de l'énergie du système par rapport aux déplacements des atomes pondérés par leurs masses. Cette quantité est accessible via la fonctionnelle de la densité perturbée (DFPT).

III.3.3 Matrice dynamique et densité électronique

Le calcul des phonons est historiquement basé sur des fonctions de réponse car toutes les constantes de forces harmoniques, les constantes élastiques, etc ... ne mettent en jeu que les dérivées secondes de l'énergie telle qu'elle peut être déduite d'un calcul perturbatif au second ordre.

L'expression la plus générale de la réponse à une perturbation $V_{ext}(\mathbf{r})$ qui dépend d'un paramètre λ_i (où λ dénote la position d'un atome, une contrainte etc ...) est

$$\frac{\partial E}{\partial \lambda_i} = \frac{\partial E_N}{\partial \lambda_i} + \int \frac{\partial V_{ext}(r)}{\partial \lambda_i} \rho(r) dr \qquad (3\text{-}76)$$

$$\frac{\partial^2 E}{\partial \lambda_i \partial \lambda_j} = \frac{\partial^2 E_N}{\partial \lambda_i \partial \lambda_j} + \int \frac{\partial^2 V_{ext}(r)}{\partial \lambda_i \partial \lambda_j} \rho(r) dr + \int \frac{\partial \rho(r)}{\partial \lambda_i} \frac{\partial V_{ext}(r)}{\partial \lambda_j} dr \qquad (3\text{-}77)$$

L'éq. (3-76) n'est au signe près que l'éq. (3-67) avec $\lambda = \mathbf{R}$ qui met en jeu le potentiel extérieur et la densité non perturbée $\rho(r)$. L'équation (3-77) représente les coefficients de la matrice dynamique définie ci-dessus. Les deux premiers termes de (3-77) ne font également intervenir que cette densité ; par contre le dernier terme exige la connaissance de $\partial \rho(r)/\partial \lambda_i$. On remarque finalement que la détermination des propriétés vibrationnelles d'un système passe par le calcul de sa densité électronique et de sa réponse à une déformation linéaire de celle-ci. Le squelette théorique pour obtenir cette réponse avec la DFT est connu sous le nom de Théorie perturbative de la fonctionnelle de la densité (DFPT) [37-39].

III.3.3.1 Théorie de la réponse linéaire

Cette approche permet de déterminer simplement la réponse $\partial \rho(r)/\partial \lambda_i$ qui apparaît dans l'éq. (3-77) et qui serait due au mouvement des nucléons. En linéarisant la densité électronique d'un système de N électrons (supposé non-magnétique) telle qu'elle peut-être obtenue à partir des orbitales $\phi_i(r)$ de Kohn et Sham

$$\rho(r) = \sum_{i=1}^{N} |\phi_i(r)|^2 \qquad (3\text{-}78)$$

$$\delta\rho(r) = 2\sum_{i=1}^{N} \phi_i^*(r)\delta\phi_i(r) \qquad (3\text{-}79)$$

Les $\delta\phi_i(r)$ peuvent être déterminés par un calcul perturbatif au premier ordre

$$(H_{KS} - \varepsilon_i)|\delta\phi_i\rangle = -(\delta V_{KS} - \delta\varepsilon_i)|\phi_i\rangle \qquad (3\text{-}80)$$

où H_{KS} est le hamiltonien de Kohn et Sham non perturbé (cf. éq. (3-41a) avec $V_{KS} \equiv V_{eff}$), $\delta\varepsilon_i = \langle\phi_i|\delta V_{KS}|\phi_i\rangle$ est la correction au premier ordre de l'énergie ε_i de l'orbitale ϕ_i. La variation du potentiel effectif est donnée par

$$\delta V_{KS}(r) = \delta V_{ext}(r) + e^2 \int \frac{\delta\rho(r')}{|r-r'|} dr' + \left.\frac{dV_{xc}(\rho)}{d\rho}\right|_{\rho=\rho(r)} \delta\rho(r') \qquad (3\text{-}81)$$

La correction au premier ordre d'une fonction propre $\phi_n(r)$ faisant intervenir la contribution de tous les états du spectre du hamiltonien non perturbé d'énergie $\varepsilon_m \neq \varepsilon_n$

$$\delta\phi_n(r) = \sum_{m \neq n} \phi_m(r) \frac{\langle\phi_m|\delta V_{KS}|\phi_n\rangle}{\varepsilon_n - \varepsilon_m}$$

il vient pour la densité induite (3-79) par la perturbation

$$\delta\rho(r) = 2\sum_{i=1}^{N} \sum_{j \neq i} \phi_i^*(r)\phi_j(r) \frac{\langle\phi_j|\delta V_{KS}|\phi_i\rangle}{\varepsilon_i - \varepsilon_j} \qquad (3\text{-}82)$$

où l'indice i correspond aux états de valence occupés et j aux états de conduction vides. Les équations (3-80) et (3-82) forment un ensemble d'équations auto-cohérentes pour un système perturbé tout à fait analogue aux équations de Kohn et Sham (3-39), (3-41a) et (3-41b) pour un système non-perturbé.

III.3.3.2 Equations de la DFT perturbée

Le calcul de $\delta\rho(r)$ par la méthode de la réponse linéaire s'avère laborieux car il nécessite la connaissance du spectre complet de H_{KS} et la sommation sur une infinité d'états de conduction. Baroni et al. [37,39] ont proposé une méthode permettant de contourner ce problème, conduisant ainsi à la théorie de la fonctionnelle de la densité perturbée (DFPT). La méthode est basée sur le fait que la réponse à une perturbation extérieure ne dépend que de la composante de la perturbation couplant un état occupé à un état vide. On s'affranchit ainsi de la connaissance des valeurs propres de tout le hamiltonien. On peut dès lors réécrire le terme de droite de l'éq. (3-80) de la manière suivante

$$(H_{KS}-\varepsilon_i)|\delta\phi_i\rangle = -P_c \delta V_{KS}|\phi_i\rangle \quad (3\text{-}83)$$

où P_c est le projecteur sur les états de conduction inoccupés

$$P_c = 1 - \sum_{i=1}^{N} |\phi_i\rangle\langle\phi_i| \quad (3\text{-}84)$$

d'où

$$\delta\rho(r) = 2\sum_{i=1}^{N} \langle\phi_i|P_c|\delta\phi_i\rangle \quad (3\text{-}85)$$

L'algorithme de la DFPT consiste à résoudre l'ensemble des équations linéaires (3-83) pour $|\delta\phi_i\rangle$ à l'aide de la définition (3-84) et de l'expression (3-81) de δV_{KS} fonction de la réponse $\delta\rho$ donnée par (3-79). Cet ensemble d'équations doit être résolu de manière itérative autocohérente puisque $\delta\rho$ est elle même fonction des $|\delta\phi_v\rangle$ occupés.

III.3.3.3 Application au calcul de la matrice dynamique

On voit à travers l'éq. (3-77) que la matrice dynamique est la somme de deux contributions : une contribution purement nucléaire, qui ne dépend pas des propriétés électroniques du système et une contribution électronique comprenant deux termes et dont nous écrirons les éléments

$$C_{i,j}^{Nucl} = \frac{\partial^2 E_N}{\partial \boldsymbol{R}_i \partial \boldsymbol{R}_j} \quad (3\text{-}86a)$$

$$C^{él}_{i;j} = \int dr \frac{\partial \rho(r)}{\partial R_j} \frac{\partial V_{KS}(r)}{\partial R_i} + \int dr \rho(r) \frac{\partial^2 V_{KS}(r)}{\partial R_i \partial R_j} \qquad (3\text{-}86b)$$

Le second terme de l'éq. (3-86b) est calculé dans le cadre de la DFPT décrite ci-dessus. Chaque contribution peut-être évaluée pour une perturbation périodique de nombre d'onde **k** quelconque. C'est l'intérêt majeur de cette approche ; on peut déterminer tout le spectre vibrationnel, en particulier les points "incommensurables" de l'espace réciproque. Sa difficulté réside dans le fait que pour calculer la réponse à une perturbation, il faut effectuer *3N* étapes auto-cohérentes (une par représentation irréductible), ce qui limite en pratique la taille des systèmes.

En pratique on procède comme pour le calcul de l'état fondamental : on calcule les modes propres sur une grille de Monkhorst-Pack [23] suffisamment fine pour assurer la convergence, puis par interpolation, on détermine les modes en un point quelconque. On peut alors tracer le spectre des phonons ainsi que les structures de bande vibrationnelle le long des directions de haute symétrie de la zone de Brillouin. Notons que cette méthode ne nécessite aucun paramètre ajustable.

III.3.4 Les phonons et les différents modes de vibration

Après la détermination de la matrice dynamique on peut trouver la relation de dispersion $\omega(k)$. Cette relation possède deux branches, nommées branches acoustique et optique. Il existe des modes acoustiques longitudinales LA et des modes acoustiques transverses TA et des modes optiques longitudinales LO et transverses TO [40]. Les phonons acoustiques sont associés à des vibrations en phase et les phonons optiques à des vibrations en opposition de phase (voir la figure III.1).

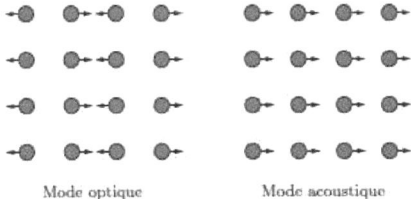

Figure III-1: Différents modes de vibration.

Si une maille élémentaire possède p atomes, il y aura $3p$ branches correspondant à la relation de dispersion : 3 branches acoustiques et $(3p-3)$ branches optiques. Le nombre de branches découle du nombre de degrés de liberté des atomes. Avec p atomes par cellule primitive et N cellules primitives, on dispose de pN atomes. Chaque atome possède trois degrés de liberté, correspondant aux directions x, y, z, ce qui donne un total de $3pN$ degrés de liberté pour le cristal. Le nombre de valeurs de **k** permises dans une seule branche est égal à N pour une zone de Brillouin. La branche LA et les deux branches TA ont donc au total $3N$ modes, participant de ce fait, pour $3N$ au nombre total de degrés de liberté. Les $(3p-3)N$ degrés de liberté restants sont donnés par les branches optiques.

Références

[1] E. Bourgois, thèse de doctorat, l'Université Claude Bernard - Lyon I, 2008
[2] M. Born et R. Oppenheimer, Ann. Phys. (Leipzig) 84 (1927) 457.
[3] D.R. Hartree, Proc. Cambridge Philos. Soc., 24 (1928) 89.
[4] D.R. Hartree, The Calculation of Atomic Structures. John Wiley and Sons, 1957.
[5] V. Fock, Zeitschrift für Physik, 61(1930) 126.
[6] W. Kohn, L.J. Sham. Phys. Rev. 140 (1965) A1133.
[7] L. H. Thomas, Proc. Cambridge Philos. Soc. 23 (1927) 542.
[8] E. Fermi, Z. Phys. 48 (1928) 73.
[9] R. M. Martin, electronic structure: Basic theory and practical methods, Cambridge university press, 2004.
[10] J. C. Slater, Phys. Rev. 81 (1951) 385.
[11] K. Schwarz Phys. Rev. 5 (1972) 2466.
[12] R. Gaspar, Acta Phys. Hung. 3 (1954) 85.
[13] P. Hohenberg, W. Kohn, Phys. Rev., 136 (1964) B864.
[14] P.A.M. Dirac, Proc. Camb. Phil. Soc. 26 (1930) 376.
[15] D.M. Ceperley et B.J. Alder, Ground state of the electron gas by a stochastic method. Phys. Rev. Letters, 45(7) (1980) 566.
[16] L. Hedin, B.I. Lundqvist. J. Phys. C4 (1971) 2064.

[17] S. J. Vosko, L. Wilk, et M. Nussair, Can. J. Phys. 58 (1980) 1200.

[18] J. P. Perdew, K. Burke, et M. Ernzerhof, Phys. Rev. Lett. 77 (1996) 3865.

[19] S. Massidda, M. Posternak, A. Baldereschi, Phys. Rev. B 48, (1993) 5058–5068.

[20] M. Weinert, Solution of Poisson's equation: Beyond Ewalt-type methods, J. Mathematical physics Vol. 22, No. 11 (1981) 2433-2439.

[21] E. Wimmer, Computational materials design: a perspective for atomistic approaches, J. Computer-Aided Materials Design, Vol. 1, (1993) 215.

[22] D.J. Chadi and L. Cohen, Phys. Rev. B 8 (1973) 5747.

[23] H.J. Monkhorst et J.D. Pack : Special points for brillouin-zone integrations. Phys. Rev. B 13 (12), (1976) 5188.

[24] J. C. Slater, Wave Functions in a Periodic Potential, Phys. Rev. 51 (1937) 846.

[25] S. Cottenier, *Density Functional Theory and the family of (L)APW-methods: a step-by-step in-troduction* (Instituut voor Kern- en Stralingsfysica, K.U.Leuven, Belgium), 2002, ISBN 90-807215-1-4 (to be found at http://www.wien2k.at/reg user/textbooks).

[26] D. Singh, L. Nordström *Planewaves, pseudopotentials and the LAPW-method*, Kluwer Academic Publishing (1994), ISBN 0-7923-9421-7

[27] D.D. Koelling and G.O. Arbman, J. Phys. F 5, (1975) 2041.

[28] O.K. Andersen, Phys. Rev. B 12, (1975) 3060.

[29] E. Shirley, D. Allan, R. Martin, and J. Joannopoulos, Phys. Rev. B 40 (1989) 3652.

[30] D. Hamann, M. Schlüter, and C. Chiang, Phys. Rev. Lett. 43 (1979) 1494.

[31] G. Kerker, J. Phys. C13 (1980) L189.

[32] N. Troullier and J. Martins, Phys. Rev. B 43 (1991) 1993.

[33] D. Vanderbilt, *Phys. Rev. B*, 41 (1990) 7892.

[34] R.M. Pick, M.H. Cohen et R.M. Martin : Microscopic theory of force constants in the adiabatic approximation. Phys Rev B1 (1970) 910-920.

[35] H. Hellmann. Einf'uhrung in die quantenchemie. Deticke, Leipzig, 1937.

[36] R.P. Feynman. Forces in molecules. Phys. Rev., 56 (1939) 340.

[37] S. Baroni, P. Giannozzi, and A. Testa. Green's-function approach to linear response in solids. Phys. Rev. Lett., 58 (1987) 1861.

[38] X. Gonze. Adiabatic density-functional perturbation theory. Phys. Rev. A 52 (1995) 1096.

[39] S. Baroni, S. de Gironcoli, A. Dal Corso et P. Giannozzi : Phonons and related crystal properties from density-functional perturbation theory. Reviews of Modern Physics, 73(2), 2001.

[40] C. Kittel, physique de l'état solide, édition Dunod 2007.

Chapitre IV

Résultats et discussions

Dans cette partie nous allons présenter les résultats de nos calculs sur différents types d'hydrures cités dans le chapitre 2, en utilisant la théorie de la densité fonctionnelle. Ce chapitre est subdivisé en cinq sous chapitres. Dans chacun des sous-chapitres, nous décrirons les propriétés d'un hydrure. Nous avons commencé par l'hydrure le plus simple : le LiH où l'étude est faite par calcul *ab initio* en utilisant les potentiels tous électrons sur une base des ondes planes augmentées. Par la suite, nous présenterons les résultats obtenus sur un hydrure complexe qui a une relation avec le LiH à savoir le $LiBH_4$, candidat potentiel pour le stockage d'hydrogène. Le troisième hydrure étudié est le MgH_2, où ses propriétés doivent être élucidées pour bien comprendre les interactions et les liaisons chimiques existantes dans ce matériau qui intervient dans toutes les réactions et les synthèses des composés à base de magnésium. Le sous-chapitre quatre sera consacré aux hydrures intermétalliques (le système ZrNi-Hydrogène) en étudiant leurs structures électroniques ainsi que leurs propriétés structurales et thermodynamiques. Le dernier sous-chapitre fera l'objet d'un calcul *ab initio* basé sur des ondes planes en utilisant les pseudo-potentiels (chapitre 3), pour étudier un hydrure de type pérovskite $NaMgH_3$. Les propriétés structurales, électroniques, optiques et thermodynamiques de $NaMgH_3$ sont discutées ainsi que la dynamique de réseau. L'effet de la substitution de l'atome Na par le lithium sera également examiné.

IV. 1- Etude *ab-initio* de l'hydrure LiH

Le premier hydrure étudié dans cette partie est le LiH. Le LiH a été préparé pour la première fois en 1896 par Guntz [1]. L'hydrure de lithium est très réactif avec de l'eau, ce qui peut entraîner des difficultés de manipulation et d'utilisation. Cependant, Les réactions peuvent potentiellement se poursuivre pendant des années et à une température ambiante, à condition que les produits de réaction initiaux continuent de réagir entre eux.

Le LiH est répertorié comme étant un matériau dangereux dont la mise en oeuvre à grande échelle impose un contrôle rigoureux de l'atmosphère de stockage. Il présente en effet une forte réactivité avec l'eau qui exclut sa manipulation à l'air libre. En présence d'eau le LiH se décompose de façon exothermique, libérant ainsi l'hydrogène lié au lithium. Les conséquences de cette réaction peuvent également être différées dans le temps, la réaction lente entre l'hydrure et son produit d'hydrolyse, la lithine LiOH, étant également une source d'hydrogène. Ces propriétés sont utilisées dans l'industrie chimique et le LiH suscite l'intérêt en tant que source d'hydrogène et matériau de stockage de la chaleur. Le LiH apparait également dans l'industrie nucléaire comme élément constituant du blindage des réacteurs, modérateur de neutrons et liquide réfrigérant.

Notons que le LiH présente des caractéristiques qui le distinguent des autres cristaux. Il s'agit du système le plus simple que l'on puisse constituer à partir d'un anion et d'un cation du système périodique. L'apparente simplicité de sa structure électronique constituée de quatre électrons par maille en font une « cible » pour tester les outils de la théorie quantique des sciences des matériaux.

Pour revenir au domaine des nouvelles technologies pour l'énergie, le LiH possède une capacité d'hydrogène très élevée - 12.7% de son poids -, et une faible densité. Ces deux caractéristiques le rendent particulièrement attractif pour des applications mobiles de petites tailles (dans des batteries pour téléphone portable par exemple). Il se différencie aussi des autres hydrures métalliques par son mode de décomposition chimique qui ne nécessite pas d'activation thermique. Il est, en revanche, non rechargeable.

Notre choix de l'étudier ici est bien sûr lié aux propriétés citées ci-dessus mais également au fait que des hydrures plus complexes contenant du lithium ($LiBH_4$) se décomposent en produisant du LiH. Ajouté à cela, la compréhension des propriétés des hydrures commence certainement par l'étude du plus simple d'entre eux. La maitrise et la compréhension des interactions qui le régissent est une clef pour explorer celles de nouveaux matériaux plus complexes [2-4].

Un certain nombre d'aspects essentiels de LiH, ne sont pas encore totalement élucidés. Elles concernent des détails sur les bandes de valence et de conduction, les structures des énergies du gap, le transfert et la distribution de charge et enfin l'origine et l'importance des contributions aux liaisons et particulièrement celle ayant trait à liaison H-H.

Dans ce qui suit nous allons examiner les propriétés de LiH par le biais de calculs de « premiers principes ».

IV. 1.1 - La structure cristallographique de LiH

Le LiH se cristallise dans la structure Rocksalt simple, il a une structure de type NaCl où les atomes de Li occupent les positions (0,0,0) et H les positions (1/2,1/2,1/2) et avec un paramètre de maille de 4,083 Å [5] (cf. fig. IV.1.1)

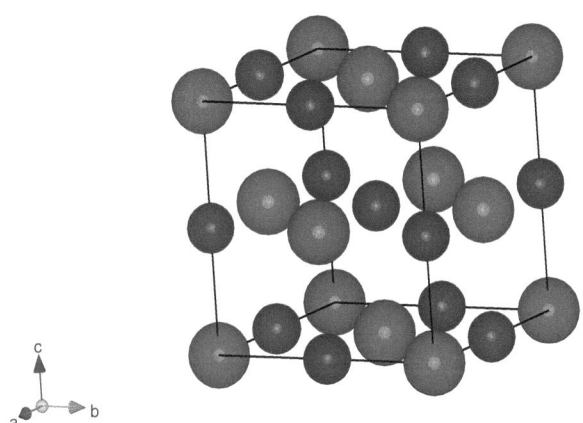

Figure IV. I-1. Structure cristalline de LiH : les grandes sphères (en rose) sont les atomes de Li, les petites sphères (en bleu) sont les atomes H.

IV. 1. 2 - Détails de calcul

Les énergies totales sont calculées dans le cadre de la théorie de la fonctionnelle densité (DFT) en appliquant la méthode FP-LAPW implémentée dans le code WIEN2K [6-7]. Pour le potentiel d'échange et de corrélation, nous avons utilisé l'approximation GGA proposée par Perdew-Berke-Ernzerhof [8]. Les rayons muffin-tin des atomes H et Li sont respectivement 0.7 et 1.1 Å. Une grille de ponits K de taille 10×10×10 a été utilisée pour échantillonner la zone de Brillouin dans la maille de LiH. Les bases utiliseés sont déterminées par une coupure des ondes planes telle que $R_{MT} \times K_{max} = 3,5$.

IV. 1.3 - Résultats et discussions

IV 1.3.1 - Propriétés structurales de LiH dans la structure Rocksalt (Type NaCl)

La figure (IV.1.2) montre la variation de l'énergie totale de LiH, calculée à partir des paramètres constitutifs cités dans le paragraphe précédent, en fonction du volume de la maille. Cette courbe est ajustée à l'aide de l'équation d'état de Murnaghan [9]. Les

Chapitre IV : résultats et discussions   1- Etude ab-initio du LiH

résultats obtenus (le paramètre de maille à l'équilibre a_0, le module de compression B_0 et sa dérivée B'_0 sont reportés dans le tableau IV.1.1). Nous remarquons que nos résultats sont très proches des résultats expérimentaux (avec des différences de 1.72 % pour le parametre de maille et de 5 à 7.35 % pour le module de compression) comparés à ceux calculés par d'autres méthodes [10].

Tableau IV. 1 1. Le paramètre de maille a_0, le module de compression B_0 et sa dérivée B'_0, calculés et comparés aux résultats expérimentaux.

a (Å)	B_0(GPa)	B'_0
Ce travail :4.013	Ce travail : 36.07	3.49
Experimental :4.083[5]	Experimental : 33.6 [11], 34.24 [12]	

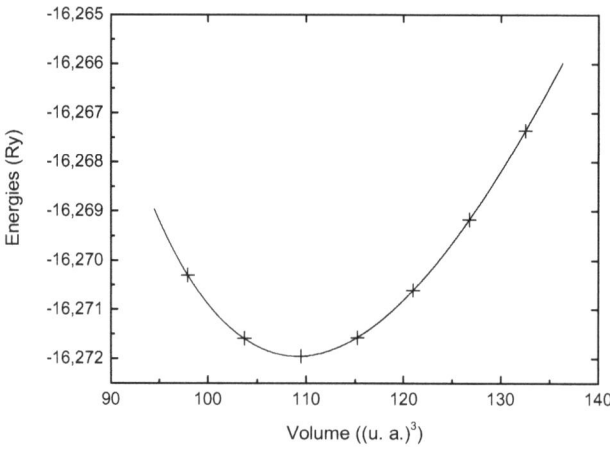

Figure IV. I.2. Energie totale exprimée en Ry (1 Ry=13.6 eV) en fonction du volume de la maille élémentaire en unité atomique (u. a.).

IV. 1.3.2 Densités d'états électroniques (DOS)

La Figure IV.1.3 montre les DOS totales obtenues au moyen de la méthode FL-APW en utilisant la fonctionnelle GGA. Le zéro des énergies sur l'axe des abscisses est pris au niveau de Fermi E_F.

La bande de valence s'étend sur plus de 4,8 eV. Les bandes de valence et les bandes de conduction sont séparées par un gap d'énergie de 3,2 eV. Ceci indique que le LiH est un isolant. En tenant compte de la sous-estimation systématique du gap par les méthodes issues de la DFT, nous estimons que notre calcul du gap est proche de la valeur expérimentale (4,99 eV pour LiH à T= 4,2 K [13,14]). Récemment Zhang et al. [10] ont comparé leurs résultats théoriques aux nôtres [15] en utilisant la méthode des pseudopotentiels implémentée dans le cadre la DFT. Leur prédiction concernant le gap, 2.93 eV, est légèrement inférieure à la notre mais reste du même ordre de grandeur.

La contribution des cations Li à la bande de conduction est dominante alors que pour la bande de valence la participation des atomes d'hydrogène est importante. Cela indique un caractère ionique pour le LiH. Cependant, l'hybridation entre les orbitales de Li et de H dans les bandes de conduction et de valence nous permet de dire que le LiH n'est pas un cristal ionique pur mais présente aussi un faible caractère de liaison covalente.

IV. 1.3.3 - Enthalpie de formation (hydrogénation du lithium)

Parmi les critères de choix des hydrures en vue d'une application dans le secteur du transport, l'enthalpie de formation (hydrogénsation) est primordiale. Ainsi, une enthalpie de formation élevée peut pénaliser l'application d'un tel hydrure dans l'engineering.

Dans le cas du LiH, nous avons calculé l'enthalpie de formation selon la réaction suivante:

$Li + 1/2\ H_2 \rightarrow LiH$ (IV.1.1)

Pour cela, nous avons soustrait les énergies totales de Li et de H_2, de l'énergie totale de LiH :

$\Delta H (LiH) = E (LiH) - E (Li) - \frac{1}{2} E (H_2)$ (IV.1.2)

Chapitre IV : résultats et discussions   1- Etude ab-initio du LiH

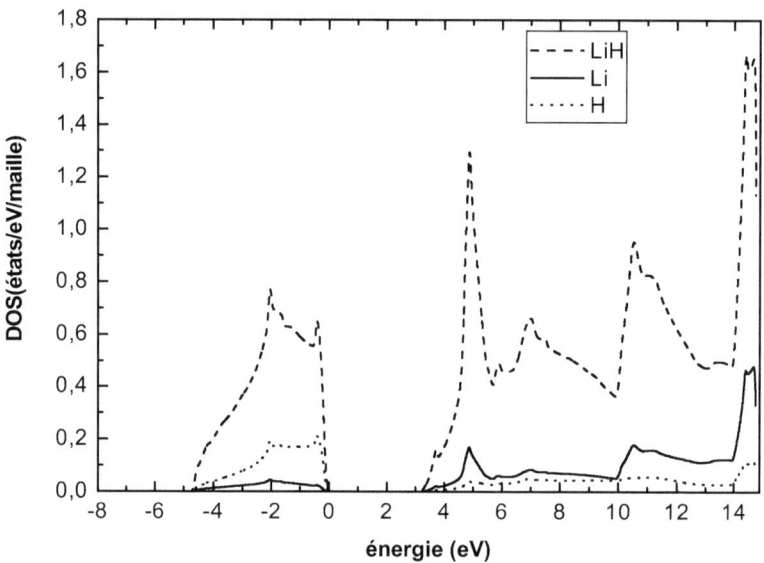

Figure IV. I.3. Densités d'états électroniques de LiH, ainsi que sa projection sur les atomes Li et H.

L'énergie totale de Li est obtenue à partir de l'optimisation de Li dans sa structure stable (CFC [5]). A cause des diffucultés de calcul (discutées plus loin dans IV.4), nous avons considéré, pour l'instant, que l'énergie totale de la molécule de l'hydrogène est égale à -2,32 Ry [16-17]. Les résultats sont donnés dans le tableau suivant :

Tableau IV. 1 .2 . Energie totales des LiH, Li et H_2 ainsi que l'enthalpie de formation de LiH.

Composés	Energie totale (Ry)	Enthalpie de formation (KJ/mole H_2)
Li	-15 .043991	
H_2	-2.32	178.137(162 [18], 167.8 [19], 157 [20])
LiH	-16.271951	

104

Notre valeur de l'enthalpie de formation est acceptable et du même ordre de grandeur des valeurs théoriques et expérimentales. La différence peut être expliquée par l'énergie du point zéro (zero-point energy) due aux mouvements de vibrations [18]. En effet, notre estimation ne tient compte que de la différence entre les énergies électroniques. Nous avons négligé les contributions énergétiques des vibrations atomiques. De telles contributions sont négligeables pour les éléments lourds, par contre elles peuvent être significatives pour l'hydrogène et le Li [18].

On peut noter que cette enthalpie de formation est quelque peu élevée, d'autant plus que la température de décomposition de LiH (environ 680 ° C [21]), est beaucoup trop élevée pour tout système de stockage de l'hydrogène envisageable. En outre, l'hydrure de lithium et le lithium sont en phases liquides à cette température. Le lithium a tendance à s'évaporer immédiatement après la décomposition de l'hydrure, car sa pression de vapeur est très élevée à cette température (500 ° C au-dessus du point de fusion). Cependant, l'étude de LiH est primordiale pour les raisons citées dans l'introduction et surtout pour la compréhension des systèmes complexes qui fait introduire le LiH dans sa décomposition, comme le $LiBH_4$ qui sera étudié dans la partie suivante.

Références

[1] A. Guntz, Comp. Rend. 123 (1896) 694.

[2] B. Bogdanovic, M. Schwickardi, J. alloys compounds 253-254 (1997) 1.

[3] B. Bogdanovic, R. A. Brand, A. Marjanovic, M. Schwickardi, J. Tolle. J. alloys compounds 302 (2000) 36.

[4] P. Vajeeston, P. Ravindran, R. Vidya, H. Fjellvåg, A. Kjekshus, Appl. Phys. Lett. 82 (2003) 2257.

[5] C. Kittel, '*Introduction to Solid State Physics*', Wiley, New York, 1986.

[6] P. Blaha, K. Schwartz, P. Sorantin, S.B. Trickey, Comput. Phys. Commun. 59 (1990) 399.

[7] P. Blaha, K. Schwartz, G.Madesen, Kvasnicka, J. Luits, Wien 2k, Vienna University of Technology, 2000.

[8] J.P. Perdew, S. Berke, M. Ernzerhof, Phy Rev Lett. 77 (1996) 3865.

[9] F.D. Murnaghan, proc. Natl. Acad. Sci. USA 30 (1944) 5390.

[10] H.F. Zhang, Y. Yu, Y.N. Zhao, W.H. Xue, T. Gao, Journal of Physics and Chemistry of Solids 71 (2010) 976.

[11] D.R. Stephens, E.M. Lilley, *'Compressions of Isotopic Lithium Hydrides'*, Journal of Applied Physics 39 (1968) 177.

[12] D. Gerlich, C.S. Smith, Journal of Physics and Chemistry of Solids, 35 (1974) 1587 – 1592.

[13] G.S. Zavt, K.A. Kalder, I.L. Kuusman, Ch.B. Lushichik, V.G. Plekhanov, S.O. Cholakh, P.A.E'varestov, Sov. Phys. Solid State 18 (1976) 1588.

[14] Y. Kondo, K. Asaumi, Journal of the Physical Society of Japan 57 (1988) 367–371.

[15] Y. Bouhadda, A. Rabehi, S. Bezzari Tahar-Chaouche, Rev. Energies Renouvelables. 10 (2007) 545–550.

[16] H. Nakamura, D. Nguyen-Manh, D.G. Pettifor, Journal of Alloys and Compounds 281 (1998) 81-91.

[17] C.X. Shang, M. Bououdina, Y. Song, Z.X. Guo, International Journal of Hydrogen Energy, 29 (2004) 73–80.

[18] K. Miwa, N. Ohba, S. Towata, Phys. Rev. B69 (2004) 245120.

[19] J.F. Herbst, L.G. Hector Jr, Phys. Rev. B72 (2005) 125120.

[20] Y. Fukaï, *'The Metal-Hydrogen System : Basic Bulk Properties'*, Vol. 21, 2nd Ed., Series in Materials Science, Springer-Verlag, Berlin, 1993.

[21] R.C. Weast, Editor, *Handbook of Chemistry and Physics*, CRC Press, OH, USA (1975).

IV. 2- Étude *ab-initio* du LiBH$_4$

L'hydrogène est le candidat incontesté pour jouer un rôle déterminant dans le développement d'un nouveau système énergétique, à la fois sûr et compact. Mais une performance optimale d'une telle source d'énergie nécessite aussi le développement de nouvelles méthodes de stockage.

Les hydrures métalliques réversibles sont parmi les systèmes prometteurs, qui ont prouvé leur efficacité pour le stockage d'hydrogène, mais en raison de leur faible densité massique d'absorption, leur utilisation a été limitée aux applications stationnaires.

Un tel handicap a stimulé les efforts des chercheurs et récemment des travaux ont confirmé que la capacité massique d'absorption peut être augmentée en utilisant des hydrures complexes constitués par les éléments les plus légers, tels que le bore, le lithium et le sodium [1,2,3]. Le LiBH$_4$ est l'un des hydrures alcalins qui présente des propriétés adaptées au stockage [4], puisque sa densité d'absorption atteint 18 % de masse et une désorption de 75 % d'hydrogène absorbé peut être achevée par la décomposition suivante :

LiBH$_4$ → LiH + B + 3/2 H$_2$ (g)

Schlesinger et Brown [5] ont été les premiers à synthétiser le tétrahydroborate (LiBH$_4$) par la réaction d'éthyle du lithium avec le diborane (B$_2$H$_6$).

Dans ce qui suit, nous allons appliquer les méthodes *ab-initio* pour étudier la structure électronique, l'optimisation de la structure cristalline, ainsi que les énergies de formation du composé LiBH$_4$.

IV. 2.1- Méthode de calcul

Les énergies totales sont calculées dans le cadre de la théorie de la densité fonctionnelle (DFT) en appliquant la méthode FP-LAPW implémentée dans le code WIEN2K [6, 7]. Pour le potentiel d'échange et de corrélation, nous avons utilisé l'approximation GGA proposée par Perdew-Berke-Ernzerhof [8]. Les rayons de sphères Muffin-Tin ont été respectivement fixés à 0.7, 1.2 et 1.1 Å pour les atomes H,

B et Li respectivement. Les bases utiliseés sont déterminées par une coupure des ondes planes telle que $R_{MT} \times K_{max} = 3$. Une grille de points K de taille $8 \times 13 \times 8$ a été utilisée pour échantillonner la zone de Brillouin dans la maille de $LiBH_4$.

IV. 2.2- La structure cristalline du composé $LiBH_4$

A l'aide de la diffraction des rayons X, Soulié et al. [9] ont montré que le composé $LiBH_4$ possède deux structures cristallines distinctes. A température ambiante, la structure est orthorhombique alors qu'à haute température, elle devient hexagonale (P$63mc$). Dans le présent travail, nous allons nous intéresser à l'étude de la structure cristalline la plus stable à savoir la structure orthorhombique (groupe d'espace 62 : Pnma).

Dans le tableau IV.2.1, nous avons reporté les paramètres cristallins, ainsi que les positions de Wyckoff obtenus par Soulié et al. [9] et que nous avons utilisé pour la suite dans nos calculs. La structure de $LiBH_4$ est généralement décrite comme une composition des anions tétraèdre $(BH_4)^-$ et des cations Li^+. Chaque anion $(BH_4)^{-1}$ est entouré par quatre Li^{+1} (voir la figure IV.2.1) et chaque Li^{+1} est entouré par 4 $(BH_4)^{-1}$.

Tableau IV 2. 1. Paramètres cristallins expérimentaux de la structure orthorhombique

Paramètres	Positions de Wyckoff expérimentales	
a= 7.179 Å	Li (4c)	(0.1568, 0.25, 0.1015)
b= 4.437 Å	B (4c)	(0.3040, 0.25, 0.4305)
c= 6.803 Å	H1 (4c)	(0.900, 0.25, 0.956)
	H2 (4c)	(0.404, 0.25, 0.280)
	H3 (4d)	(0.172, 0.054, 0.428)

Chapitre IV : résultats et discussions   2- Étude ab initio du LiBH$_4$

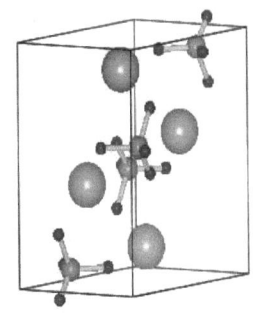

Figure IV 2.1. Structure cristalline de LiBH$_4$ dans la phase orthorhombique. Les grandes sphères (couleur rose), celles de taille moyenne (couleur verte) et celles de petite taille (couleur bleue) représentent les atomes Li, B et H respectivement.

IV. 2.3 - Optimisation de la structure cristalline

Le travail d'optimisation de la structure orthorhombique de LiBH$_4$ permet l'étude de la variation de l'énergie totale en fonction du volume (Figure IV.2.2). Les paramètres cristallins, le module de compression B_0 et le nombre dérivé du module de compression en fonction de la pression $B_0{'}$, regroupés dans le tableau IV.2.2, ont été obtenus à partir de l'équation d'état de Murnaghan [10]. Le tableau IV.2.2 montre que les valeurs des paramètres cristallins sont du même ordre de grandeur que celles obtenues par l'expérience [9], par contre pour le module de compression B_0, il y a un très grand désaccord entre nos calculs et ceux de Vajeeston [11]. Cependant, notre résultat théorique est en accord avec la valeur expérimentale obtenue par Talyzin et al. [12] en utilisant les données de la diffraction par rayons X (DRX).

Tableau IV 2.2 Paramètres structuraux optimisés, modules de compression (B_0) et le nombre dérivé du module de compression en fonction de la pression ($B_0{'}$) de LiBH$_4$.

Paramètres optimisés (Å)	B_0 (GPa)	$B_0{'}$
a= 7.312 (7.178 [8])	45.1 (15.3 [11])	5 (3.9 [11])
b= 4.520 (4.437 [8])	Experimental :45 [12]	
c= 6.930 (6.803 [8])		

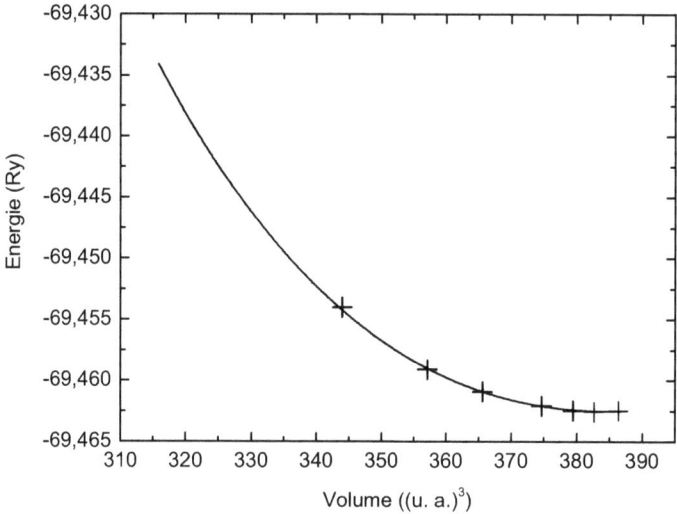

Figure IV 2. 2 l'énergie totale (en Ry=13.6 eV) en fonction du volume de LiBH$_4$ (en unité atomique).

IV. 2.4 - Calcul de l'enthalpie de formation

L'enthalpie de formation calculée dans ce travail est relative à la réaction de décomposition de l'hydrure LiBH$_4$ suivante:

$$LiBH_4 \rightarrow LiH + B + 3/2H_2 \text{ (g)} \qquad \text{IV.2.1}$$

Les énergies totales de LiH, H$_2$ et de B sont calculées avec les mêmes contraintes imposées au LiBH$_4$ c'est-à-dire qu'on utilise les mêmes rayons de muffin-tin et les mêmes énergies de coupure.

Nous listons dans le Tableau IV.2.3 les résultats de nos calculs. La valeur de l'enthalpie de formation prédite (71,9 kJ/mol H$_2$) est du même ordre de grandeur que celle obtenue par l'expérience [14] et par les modèles de calculs théoriques [13, 15].

Tableau IV 2. 3 : Energies totales calculées et Enthalpie de formation de LiBH$_4$. (1Ry=13.6eV)

Eléments	Energies totales (Ry)	Enthalpie de formation (kJ/mol H2)		
		Ce travail	théorique	expérimental
LiBH$_4$	-69.4625	71.9	76.1 [13]	69 [14]
LiH	-16.265674		75 [15]	71.3 [13]
H$_2$	-2.32			
B	-49.61943167			

IV. 2.5 Structure électronique de LiBH$_4$

Le calcul des densités des états électroniques totale et partielle en fonction de l'énergie en eV est représenté sur la figure IV.2.3. Le niveau de Fermi est pris comme énergie zéro. Les courbes indiquent que la structure électronique est non métallique puisque le gap séparant la bande de valence de la bande de conduction est de 5.4 eV. La bande de conduction est dominée par les états p des atomes de bore alors que pour la bande de valence, on distingue l'existence de deux régions :

1- une région située entre -8.0 et -6.86 eV et dont la contribution aux états liants métal - hydrogène est due essentiellement aux états s des atomes de bore et des atomes d'hydrogène (B-2s et H-1s).

2- Une seconde région à plus haute énergie (entre le niveau de fermi et -4.1 eV) composée spécialement par les états B-2p et les états H-1s. Nous avons noté que cette deuxième région est divisée elle aussi en deux parties séparées par 0.27 eV.

Ces propriétés de liaison sont similaires à ceux d'une molécule de CH$_4$. Un atome de bore construit des hybridations sp3 et forme une liaison covalente avec les quatre atomes d'hydrogène qui les entourent. L'électron manquant pour former ces liaisons est compensé par le cation Li+.

L'apport des atomes de Li aux états occupés est minoritaire, ce qui est en très bon accord avec des travaux antérieurs [11, 15]. Du fait de la faible contribution de leurs orbitales aux états occupés, les atomes Li peuvent être ionisés (cations Li +).

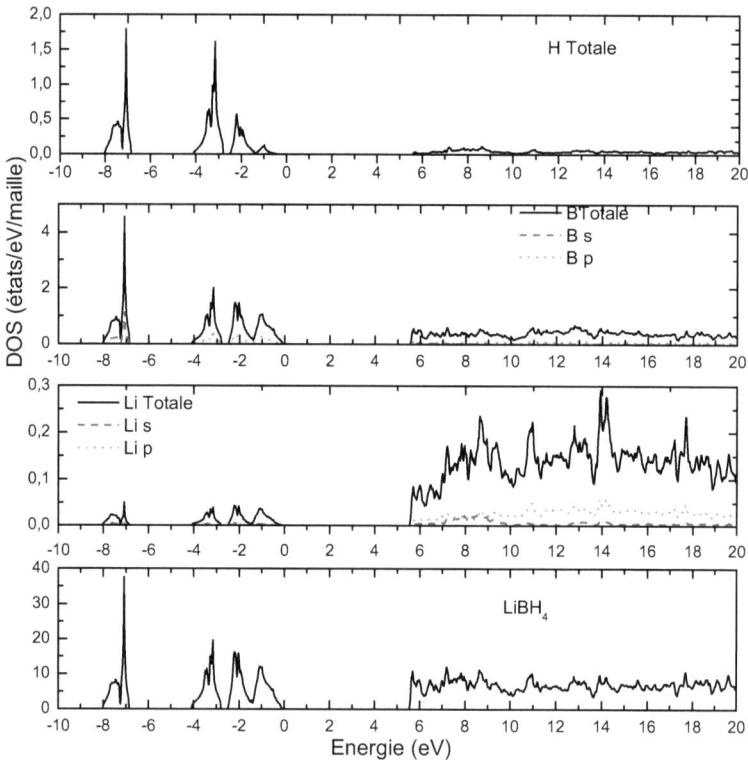

Figure IV 2.3 Densités d'états électroniques totale et partielles du composé LiBH$_4$

Références

[1] Y. Nakamori and S. Orimo, J. Alloys Compd., 365 (2004) 271 – 276.

[2] L. Zaluski. A. Zaluska and J.O. Ström-Olsen, J. Alloys Compd. 290 (1999) 71 – 78.

[3] B. Bogdanovic, R.A. Brand, A. Marjanovic, M. Schwikardi and J. Tölle, J. Alloys Compd. 302 (2000) 36 – 58.

[4] A. Züttel, P. Wenger, S. Rentsch, P. Sudan, P. Mauron and C. Emmenegger, Journal of Power Sources 118 (2003) 1.

[5] H.I. Schlesinger and C. Brown Herbert, J. Am. Chem. Soc. 62 (1940) 3429–3435.

[6] P. Blaha, K. Schwartz, P. Sorantin and S.B. Trickey, Comput. Phys. Commun. 59 (1990) 399.

[7] P. Blaha, K. Schwartz, G.Madesen, Kvasnicka and J. Luits, Wien 2k, Vienna University of Technology, 2000.

[8] J.P. Perdew, S. Berke, M. Ernzerhof, Phy Rev Lett. 77 (1996) 3865.

[9] J.P. Soulié, G. Renaudin, R. Èerný, K. Yvon, J. Alloys Compd. 346 (2002) 200 – 205.

[10] F.D. Murnaghan, Proc. Natl. Acad. Sci. USA 30 (1944) 244.

[11] P. Vajeeston, P. Ravindran, A. Kjekshus and H. Fjellvåg, J. Alloys Compd. 387 (2005) 97 – 104.

[12] A.V. Talyzin, O. Andersson, B. Sundqvist, A. Kurnosov, L. Dubrovinsky. Journal of Solid State Chemistry 180 (2007) 510–517.

[13] T.J. Frankcombe, G. Kroes and A. Züttel, Chemical Phys. Lett., 405 (2005) 73 – 78.

[14] M.B. Smith and G.E. Bass Jr., J. Chem Eng Data, 8 (1963) 342.

[15] K. Miwa, N. Ohba, S. Towata, Y. Nakamori and S. Orimo, Phys. Rev. B 69 (2004) 245120.

IV.3 l'étude de l'hydrure MgH$_2$

IV.3.1 Introduction:

Dans cette partie nous nous sommes intéressés à l'étude de l'hydrure de magnésium dans le même contexte (pour le développement d'une technologie prometteuse basée sur le stockage de l'hydrogène dans les hydrures métalliques). L'hydrure de magnésium est un bon candidat pour le stockage de l'hydrogène.

En raison de sa capacité massique d'hydrogène élevée (7,6 en poids.%), son abondance dans la croûte terrestre et son faible coût, MgH$_2$ a fait l'objet d'études approfondies [1-8].

Le magnésium est un matériau intéressant, non seulement du point de vue du stockage de l'hydrogène mais aussi parce que les couches minces de magnésium ont des propriétés très intéressantes. Elles sont de couleur neutre à l'état complètement hydrogéné qui les rendent très attractives pour des applications comme « fenêtres intelligentes » [9].

Les principaux obstacles à ses applications commerciales sont: la grande stabilité thermodynamique de MgH$_2$, sa grande température d'absorption/désorption, sa faible pression de plateau à température ambiante.

Afin de surmonter ces obstacles et améliorer la cinétique des réactions absorption/désorption de l'hydrogène, une compréhension claire et détaillée des interactions existant dans le composé MgH$_2$ et les systèmes Mg-H en général, est primordiale.

Un grand nombre d'études expérimentales établit que la cinétique de la réaction de l'hydrogène dans MgH$_2$ dépend fortement de la méthode de synthèse et de la présence des additifs ([3-8, 10-16]. Par exemple, le broyage mécanique à billes introduit des clusters de défauts, qui peuvent: aider la diffusion de l'hydrogène, produire une déformation mécanique et des phases métastables, modifier des surfaces, etc...Tous ces effets favorisent généralement la réaction solide-gaz [3-6].

L'ajout des métaux, oxydes métalliques [7-8,10-14], ou des composés intermétalliques comme catalyseurs [16], peuvent également améliorer l'absorption (ou le dégagement) d'hydrogène. Toutefois, les aspects électroniques de ces phénomènes n'ont pas encore été complètement élucidés et un aperçu complet des liaisons hydrogène-magnésium et ses alliages est nécessaire pour assurer leurs utilisations commerciales dans l'avenir. D'autant plus, tous les hydrures complexes à base de Mg (qui sont plus favorable au stockage que le MgH_2) leurs hydrogénation/déshydrogénation se fait par des réactions impliquant le MgH_2.

Tous cela nous conduit dans un premier temps à étudier le MgH_2 avant d'étudier d'autres systèmes à base de Mg (comme le $NaMgH_3$ que nous allons voir plus loin dans cette thèse). En plus le MgH_2 représente un très bon matériau de test pour étudier comment les différents traitements cités ci-dessus (dopage, broyage à billes...) peuvent affecter ses propriétés.

Dans ce qui suit, nous étudions par un calcul basé sur la DFT les propriétés fondamentales de MgH_2.

IV.3.2 Le détail de calcul et la structure cristallographique de MgH_2

L'étude sur le MgH_2 est basée sur la méthode des ondes planes augmentés linéarisées (FP-LAPW) associée à la théorie de la fonctionnelle de la densité (DFT) [17-18] et de la GGA [19].

Une grille de points K de taille 8×8×13 a été utilisée pour échantillonner la zone de Brillouin dans la maille de MgH_2, suivant la méthode de Monkhorst et Pack [20]. Les valeurs du rayon de la sphère MT sont 1 Å et 0.6 Å pour les éléments Mg et H respectivement.

L'hydrure MgH_2 cristallise dans la structure tétragonale (le groupe d'espace $P4_2/mnm$ No 136 [21]). Les atomes de Mg et de H ont les positions de Wyckoff suivantes: 2a (0, 0, 0) et 4f (0.304, 0.304, 0) respectivement. Les atomes de Magnésium sont entourés de 6 atomes d'hydrogène constituant un octaèdre MgH_6 dont le magnésium est au centre de cet octaèdre. Chaque octaèdre MgH_6, partage les atomes d'hydrogène dans le sommet, avec son proche voisin octaèdre MgH_6. Chaque atome d'hydrogène est commun à trois octaèdres MgH_6, et par conséquent par trois atomes de magnésium.

Chapitre IV : résultats et discussions   3. L'étude de MgH$_2$

Les paramètres de mailles utilisés dans notre calcul sont les paramètres expérimentaux a = 4.501Å et c = 3.01Å [21]. Nous avons besoin dans cette étude de la structure cristallographique de Mg, pour déterminer l'enthalpie de formation. Les paramètres de maille pour le Mg (structure : hexagonale compacte) sont tirés de la référence [22].

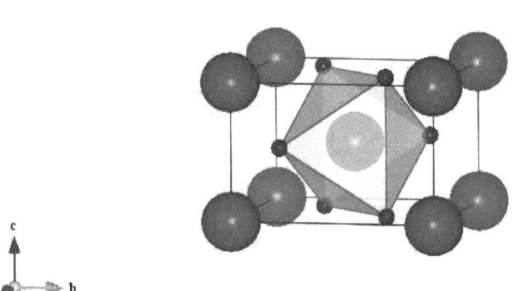

Figure IV.3. 1 : la structure cristalline de MgH$_2$. les atomes de Mg (grands et de couleur rose) et les atomes de l'hydrogène (petits et de couleur bleu). Voir l'octaèdre MgH$_6$.

IV.3.3 Les propriétés structurales

Nous avons optimisé les paramètres structuraux de MgH$_2$, en fixant les positions atomiques et en faisant varier le volume de la maille par : ± 15, ±10 et ±5 % de V$_0$ (le volume expérimental). Ainsi, La figure IV.3.2 montre la variation de l'énergie totale de MgH$_2$, en fonction du volume de la maille élémentaire. Cette courbe est ajustée à l'aide de l'équation d'état de Murnaghan [23]. Les résultats obtenus (les paramètres de maille à l'équilibre (a, c), le module de compression B$_0$ et sa dérivé B′$_0$) sont reportés dans le tableau (1).

Nous remarquons que nos résultats sont très proches des résultats expérimentaux (avec des différences de 0.4 % pour les paramètres de mailles, et 0.09-7.2 % pour B$_0$) comparés à d'autres travaux théoriques [21, 24-26] (voir le **tableau IV.3.1**).

Chapitre IV : résultats et discussions   3. L'étude de MgH$_2$

Tableau IV.3.1 les paramètres structurales de MgH$_2$.

a (Å)	c (Å)	B$_0$ (GPa)	B'$_0$
4.519	3.022	51.0459	3.5343
(4.501[a])	(3.01[a])	(55[b], 50[c], 51[d])	(3,45[d])

[a] reference [21], [b] reference [24], [c] reference [25], [d] reference [26].

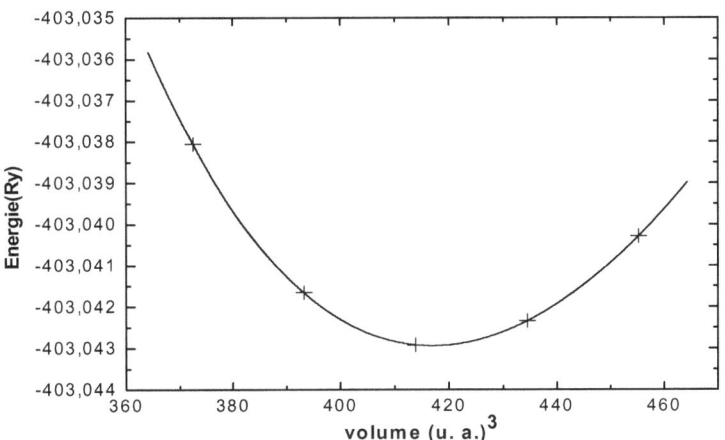

Figure IV.3.2 Evolution de l'énergie totale de MgH$_2$ en fonction du volume de la maille.

IV.3. 4 L'enthalpie de formation

La formation de l'hydrure MgH$_2$ se fait selon la réaction suivante:

Mg + H$_2$ → MgH$_2$ (IV.3.1)

Afin de calculer l'enthalpie de formation de la réaction (1), nous avons soustrait les énergies totales de l'élément pur Mg, et celle de la molécule H$_2$, de l'énergie totale de l'hydrure MgH$_2$:

ΔH(MgH$_2$) = E(MgH$_2$) - E(Mg) - E(H$_2$)   (IV.3.2)

Dans le tableau IV.3.2, nous donnons les énergies totales des réactants et des produits ainsi que l'enthalpie de formation calculée. Pour le MgH$_2$ et Mg, nous avons utilisé l'énergie totale obtenue à partir des structures optimisées. A cause des diffucultés de calcul (discutées plus loin dans IV.4), nous avons considéré, pour l'instant, que l'énergie totale de la molécule d'hydrogène est égale à -2.32 Ry [27-28].

Tableau IV.3.2: l'enthalpie de formation de MgH_2.

Les composés	Les énergies totales (Ry)	L'enthalpie de formation (kJ/mol H_2)
Mg	-400.6627005	
H_2	-2.32[a]	
MgH_2	-403.042937	78.946 (-76.15 ± 9.2)[b]

[a] référence [27], [b] référence [29]

L'enthalpie de formation calculée est égale à 78.95 kJ/mol.H_2. Cette valeur est en bon accord avec la valeur 76.15 ± 9.2 kJ/mol.H_2, mesurée expérimentalement [29].

IV.3.5 La structure électronique

Dans cette section, le calcul des densités d'états électroniques a été fait pour des paramètres de maille optimisés et non expérimentaux c'est à dire (a = 4.519Å et c = 3.022Å).

Les densités d'états électroniques totales et partielles de MgH_2 sont représentées sur la figure (figure IV.3.3).

Le niveau de Fermi est positionné juste au-dessus de la bande de valence, qui est composée principalement des états H-s, Mg-p et Mg-s fortement hybridées, avec deux pics distincts, l'un positionné juste au-dessous du niveau de Fermi et l'autre à environ -2 eV. Cela conduit à une énergie de formation relativement élevée. Cet aspect peut être changé dans les systèmes MgH_2 dopé par les métaux de transition 3d. Outre les H-s, le fond de la bande de valence comporte également certains Etats Mg-s, avec un maximum à -4 eV. Le fond de la bande de conduction est principalement d'origine Mg-p, mais la contribution Mg-s ne peut pas être négligeable. Cette bande a un caractère de magnésium dominant. Par contre la bande de conduction a un caractère d'hydrogène dominant. On peut conclure que la nature de la liaison MgH_2 est un mélange de faible liaison covalente (hybridations des états Mg et H) et une forte liaison ionique (la dominance de H dans la bande de valence et de Mg dans la bande de conduction). Noritake et al. [30] ont confirmé que la liaison dans le MgH_2 est un mélange complexe de contributions ioniques et covalentes. Il est certain que l'hydrogène est faiblement lié à Mg, qui doit être un grand avantage de l'hydrogénation-déshydrogénation de cette substance [30]. En effet, le MgH_2 a une liaison métal-hydrogène plus faible que celle qui existe dans le LiH (voir les sections sur LiH, partie I). Par conséquent, la réaction de charge/décharge de l'hydrogène est facile par rapport à celle de LiH. En comparant, les enthalpies de formation, nous remarquons que l'enthalpie de formation de MgH_2 est beaucoup plus faible comparée à celle de LiH).

Nous observons aussi que la structure électronique est non-métallique avec une énergie de gap de 3.6 eV. Cette valeur est en bon accord avec les études théoriques qui rapportent des valeurs autour de 3.4 eV [24-25], et de même ordre de grandeur que la valeur calculée (4.3 eV) par Vajeeston et al [26].

L'écart entre les valeurs expérimentales 5,16 eV [31] ou 5,6 eV [32-33] et les résultats théoriques peut être attribué à la méthode de calcul et dans notre cas, également au choix du potentiel d'échange-corrélation. En effet il est connu que la DFT sous-estime (surtout pour les semi-conducteurs) l'énergie de gap entre la bande de valence et celle de conduction, car la DFT ne décrit pas exactement les états excités [34].

Chapitre IV : résultats et discussions 3. L'étude de MgH_2

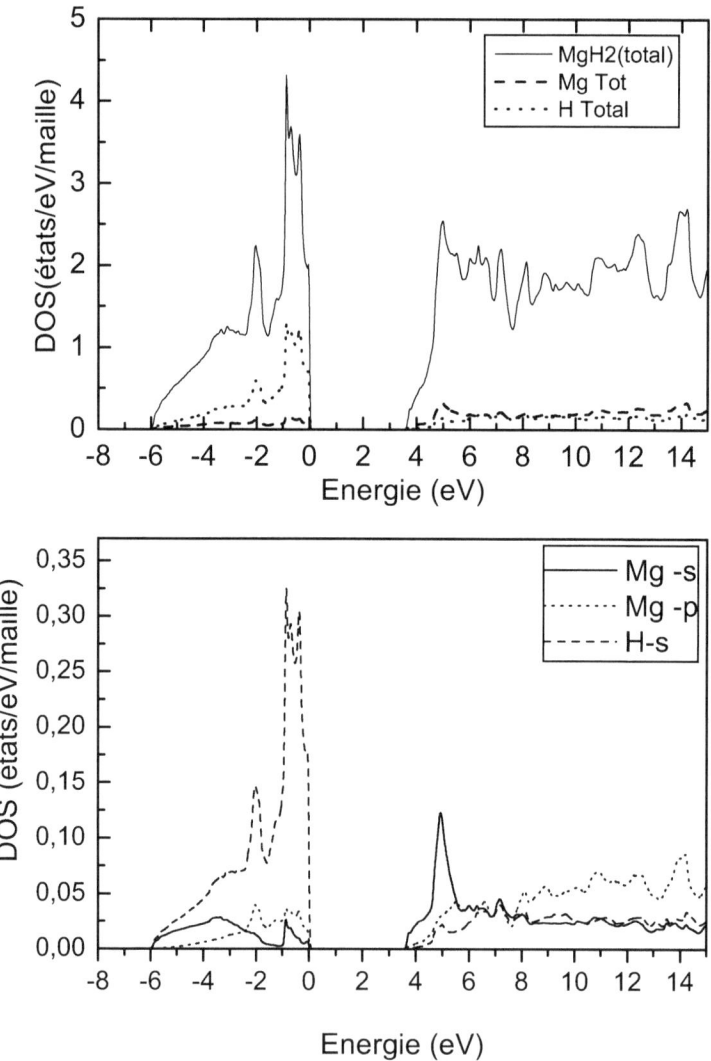

Figure IV.3. 3 : les densités d'états électroniques totales et partielles. Le niveau de Fermi est pris comme zéro.

Référence:

[1] B. Sakintuna, F. Lamari-Darkrim and M. Hirscher, Int J Hydrogen Energy 32 (2007) 1121–1140.

[2] R.A. Varin, T. Czujko and Z.S. Wronski, Nanomaterials for solid state hydrogen storage, Springer Science+Business Media, New York (2009).

[3] J.L. Bobet, C. Even, Y. Nakamura, E. Akiba and B. Darriet, J Alloys Compd 298 (2000) 279–284.

[4] L.E.A. Berlouis, E. Cabrera, E. Hall-Barientos, P.J. Hall, S.B. Dodd and S. Morris et al., J Mater Res 16 (1) (2001), pp. 45–57.

[5] J. Grbović Novaković, T. Brdarić, N. Novaković, L.j. Matović, A. Montone and S. Mentus, Mater Sci Forum 555 (2007), 343–348.

[6] G. Liang and R. Schulz, J Mater Sci 38 (2003), 1179–1184.

[7] L. Pranevicius, D. Milcius and C. Templier, Int J Hydrogen Energy 34 (2009) 5131–5137.

[8] A. Bassetti, E. Bonetti, L. Pasquini, A. Montone, J. Grbovic and M. Vittori Antisari, Eur Phys J B 43 (2005) 19–27.

[9] J.N. Huiberts, R. Griessen, J.H. Rector, R.J. Wijingaarden, J.P. Dekker and D.G. De Groot et al., Nature 380 (1996), 231.

[10] G. Liang, J. Huot, S. Boily, A. Van Neste and R. Schulz, J Alloys Compd 292 (1999) 247–252.

[11] H. Imamura, K. Yoshihara, M. Yoo, I. Kitazawa, Y. Sakata and S. Int J Hyd Energy 32 (2007) 4191–4194.

[12] J.-L. Bobet, E. Akiba, Y. Nakamura and B. Darriet, Int J Hyd Energy 25 (2000) 987–996.

[13] K. Zeng, T. Klassen, W. Oelerich and R. Bormann, J Alloys Compd 283 (1999) 213–224.

[14] W. Oelerich, T. Klassen and R. Bormann, J Alloys Compd 322 (2001) L5–L9.

[15] K.-F. Aguey-Zinsou, J.R. Ares Fernandez, T. Klassen and R. Bormann, Int J Hydrogen Energy 32 (2007) 2400–2407.

[16] D. Sun, F. Gingl, H. Enoki, D.K. Ross and E. Akiba, Acta Mater 48 (2000) 2363–2372.

[17] P. Hohenberg and W. Kohn, Phys. Rev. 136 (1964) B864.

[18] W. Kohn and L.J. Sham, Phys. Rev. 140 (1965) A1133.

[19] J.P. Perdew, S. Burke, M Ernzerhof, Phys. Rev. Lett. 77 (1996) 3865.

[20] H. J. Monkhorst et J. D. Pack, Phys. Rev., B 13 (1976) 5188.

[21] M. Bortz, B. Bertheville, G. Bottger and K. Yvon, Journal of Alloys and Compounds, 287 (1999) L4-L6.

[22] C. Kittel, *Introduction to Solid State Physics*, Wiley, New York, 1986.

[23] F.D. Murnaghan, Proc. Natl. Acad. Sci. USA 30 (1944) 244.

[24] B. Pfrommer, C. Elasässer and M. Fähnle, Phy. Rev. B 50 (1994) 5089.

[25] R. Yu and P.K. Lam, Phy. Rev. B 37 (1988) 8730.

[26] P. Vajeeston, P. Ravindran, A. Kjekshus, H. Fjellvåg, Phy. Rev. Lett. 89 (2002) 175506.

[27] H. Nakamura, D. Nguyen-Manh, DG. Pettifor. J. Alloys Compounds. 281 (1998) 81.

[28] C.X. Shang, M. Bououdina, Y. Song and Z.X. Guo, International Journal of Hydrogen Energy, 29 (2004) 73 – 80.

[29] M. Yamagychi, E. Akiba. In Cahn RW Hassen. P Kkramer Ej (editors) Materials science and technology, Vol 3B. New York, VCH, (1994) p 333.

[30] T. Noritake, M. Aoki, S. Towata, Y. Seno, Y. Hirose and E. Nishibori et al., App Phys Lett 81 (11) (2002) 2008–2010.

[31] G. Krasko, *Metal-Hydrogen Systems* ~Pergamon, New York, 1982, p. 367.

[32] J. Isidorsson, I. A. M. E. Giebels, H. Arwin, R. Griessen, Phy. Rev B 68 (2003) 115112.

[33] R.J. Westerwaal, C.P. Broedersz, R. Gremaud, M. Slaman, A. Borgschulte and W. Lohstroh et al., Thin Solid Films 516 (2008) 4351–4359.

[34] R.M. Martin, *Electronic Structure Basic Theory and Practical Methods*, Cambridge University Press, Cambridge, England, 2004.

IV.4. Les propriétés des hydrures ZrNiH et ZrNiH$_3$

Cette partie est consacrée à l'étude des propriétés électroniques et thermodynamiques d'un autre type d'hydrures susceptibles d'être utilisés dans des applications de stockage de l'hydrogène. Il s'agit d'hydrures intermétalliques binaires qui par ailleurs sont connus pour avoir des propriétés physiques intéressantes comme par exemple le TiNi utilisé dans des alliages à mémoire de forme (shape memory) [1] ou le FeNi utilisé pour ses propriétés magnétiques [2]. En ce qui concerne l'hydrogène, il a été observé que certains alliages de zirconium pouvaient absorber et désorber des quantités importantes d'hydrogène de façon réversible pendant plusieurs cycles et dans des conditions expérimentales de température, de pression et de cinétique d'absorption suffisamment commodes pour que puisse être envisagée une application pratique pour le stockage de l'hydrogène [3]. Le ZrNi a été le premier composé intermétallique étudié pour le stockage d'hydrogène [4]. Le ZrNi absorbe un grand nombre d'atomes d'hydrogène par atome de métal pour former l'hydrure ZrNiH$_3$ [5-8]. Bien que les premières études de structure électronique de ce composé et de ses hydrures aient commencé dès 1983 [9], il existe encore peu de travaux sur le sujet en raison de la complexité structurale de ces alliages (20 atomes par maille).

Nous nous proposons ici d'étudier la modification de la structure électronique et la nature des liaisons chimiques entre les constituants consécutifs à l'insertion de l'hydrogène dans les composés intermétalliques binaires ZrNi, ZrNiH et ZrNiH$_3$. Nous étudierons également la déshydrogénation de ZrNiH$_3$ vers ZrNiH.

IV.4.1. La méthode de calcul

Notre calcul utilise le formalisme de la fonctionnelle de la densité DFT [10-11] et la méthode FP-LAPW implantée dans le code Wien2K [12-13]. Le choix à été fait de traiter l'énergie d'échange et de corrélation à l'aide de l'approximation GGA utilisant la fonctionnelle paramétrée par Perdew-Burke-Enzerhof [14]. Les fonctions d'ondes, les potentiels et les densités électroniques sont exprimés sur une combinaison d'harmoniques sphériques avec un moment angulaire maximum Lmax =10 autour

Chapitre IV : résultats et discussions   4. Les propriétés de ZrNiH et ZrNiH$_3$

des sites atomiques et en série de Fourier dans la région interstitielle. Nous avons obtenu un degré de convergence satisfaisant en considérant un nombre de fonction de base FP-LAPW telle que l'énergie de coupure soit égale à $R_{MT} \times K_{max}$=3.5 où :

R_{MT} est le rayon moyen muffin-tin égal à 0.7, 1.1 et 1.2 Å pour H, Ni et Zr respectivement.

K_{max} est la valeur maximum du vecteur d'onde.

L'énergie totale dépend du nombre de points K utilisés. Leur choix a été effectué sur la base de la technique des points spéciaux de Monkhorst et Pack [15-16] en développant le calcul pour 1000 points dans toute la zone de Brillouin. Nous avons ainsi obtenu des énergies totales des systèmes étudiées à 1milliRyd près.

IV.4.2. La structure cristalline de ZrNiH et ZrNiH$_3$

Kost et al. [8] ont conféré expérimentalement au ZrNiH une structure orthorhombique. Des mesures de diffraction X plus précises effectuées en 1982 par Westlake et al. [5] prédisent uns structure triclinique avec pour paramètres $a = 3.367 A^0$, $b = 10.313 A^0$, $c = 4.063 A^0$ et $\alpha = 89.18^0$, $\beta = 89.60^0$, $\gamma = 89.43^0$.

Au regard des angles, on peut considérer cette structure comme une structure orthorhombique légèrement distordue [17]. Les positions des atomes sont listées dans le tableau IV.4.1. Les atomes d'hydrogène occupent préférentiellement les sites 4c1 formés par quatre atomes de Zr [5,18] (cf. fig. IV.4.1).

Le ZrNiH$_3$ comme le ZrNi, possède une structure orthorhombique [5,18]. Les atomes d'hydrogène occupent deux types de sites interstitiels: les atomes H1 possédant un environnement pyramidal et les atomes H2 un environnement tétraédrique (cf. fig IV.4.2) [17]. Les paramètres de maille indiquent une augmentation de volume de la maille intermétallique de 18.5% lors de l'absorption de l'hydrogène [5].

Le tableau IV.4.1 résume les paramètres des structures cristallines et les positions des atomes déterminés expérimentalement et utilisés dans nos calculs.

Chapitre IV : résultats et discussions   4. Les propriétés de ZrNiH et ZrNiH$_3$

Tableau IV.4.1. Les positions atomiques ainsi que les paramètres de maille de ZrNi, ZrNiH et ZrNiH$_3$.

ZrNi	Zr(0, 0.082, 0.25) Ni(0, 0.361, 0.25)	a=3.268Å, b=9.937 Å c=4.101 Å
ZrNiH (63-Cmcm)	Zr (0, 0.860, 0.25) Ni (0, 0.570, 0.25) H (0, 0.215, 0.25)	$a = 3.367 A^0, b = 10.313 A^0$ $c = 4.063 A^0$
ZrNiH$_3$ (63-Cmcm)	Zr (0, 0.140, 0.25) Ni (0, 0.430, 0.25) H$_1$ (0, 0.956, 0.25) H$_2$ (0, 0.298, 0.507)	$a = 3.53 A^0, b = 10.48 A^0$ $c = 4.30 A^0$

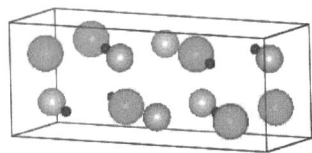

Figure IV.4.1. La structure cristalline de ZrNiH : les sphères grande (verte), moyenne (grise) et petite (bleue) représentent les atomes de Zr, Ni et H respectivement.

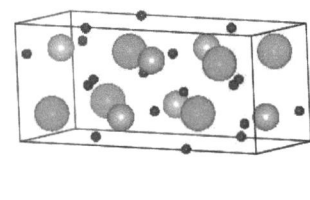

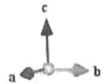

Figure IV.4.2. La structure cristalline de ZrNiH$_3$: les sphères grande (verte), moyenne (grise) et petite (bleue) représentent les atomes de Zr, Ni et H respectivement.

Chapitre IV : résultats et discussions   4. Les propriétés de ZrNiH et ZrNiH$_3$

IV.4.3 La structure électronique ZrNi, ZrNiH et ZrNiH$_3$

a) ZrNi

Nous avons reporté les densités électroniques totale et partielles, en fonction de l'énergie, de ZrNi sur la fig. IV.4.3. Le niveau de Fermi est pris comme énergie de référence et est indiqué par une ligne discontinue.

Les courbes sont caractéristiques d'un état métallique. On y distingue deux régions ;

la première située entre -6 eV et 0 eV (en dessous de l'énergie de Fermi) où la contribution des états d des atomes de nickel est prépondérante

la seconde située entre 0 eV et 3 eV (qu'au-delà de l'énergie de Fermi) dominée par les états d des atomes de zirconium.

Le niveau de Fermi est localisé dans la partie où l'apport des états des atomes de zirconium à la structure électronique est plus important.

En comparant la courbe de l'énergie totale de ZrNi à celle de ZrNiH (la fig. IV.4.4) nous avons constaté une augmentation de la largeur de la bande de valence de l'hydrure.

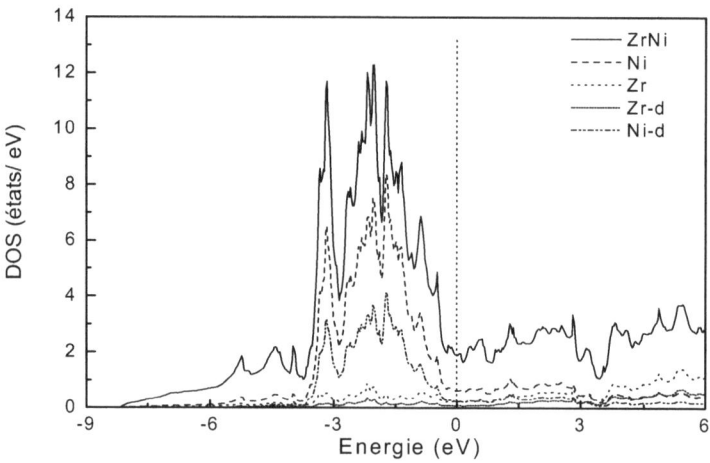

Figure IV.4.3 Densité d'états totale, la densités d'états partielles de ZrNi décomposées par atome et par moment angulaire. Le niveau de Fermi est repéré par la ligne verticale (pointillé).

b) ZrNiH

Les densités d'états électroniques (DOS) totale et partielles, en fonction de l'énergie du ZrNiH sont illustrées sur la fig. IV.4.4. Ces courbes, révèlent la formation, entre -8.6 et -5.5 eV, d'une structure induite par la présence de l'hydrogène dans le composé ZrNi. Le potentiel attractif du proton H déplace les états occupés du métal qui par hybridation avec les états s de l'hydrogène conduisent à la formation des bandes liantes métal-hydrogène.

La décomposition de la densité totale en densités partielles sur les sites atomiques de Ni, Zr et H montre une différence de contribution aux liaisons métal-hydrogène des états d des atomes de nickel et des atomes de zirconium. La contribution à liaison (entre -8.6 eV et -5.5 eV) est essentiellement due à l'interaction Zr-H (cf. les courbes DOS Zr totale et H totale dans la même région d'énergie). Ceci est en accord avec un travail antérieur [19] qui montre que la plus grande contribution aux bandes liantes H-métal du ZrNiH, dont les sites interstitiels Zr(4c) sont occupés par l'hydrogène, est assurée par les états d des atomes du zirconium.

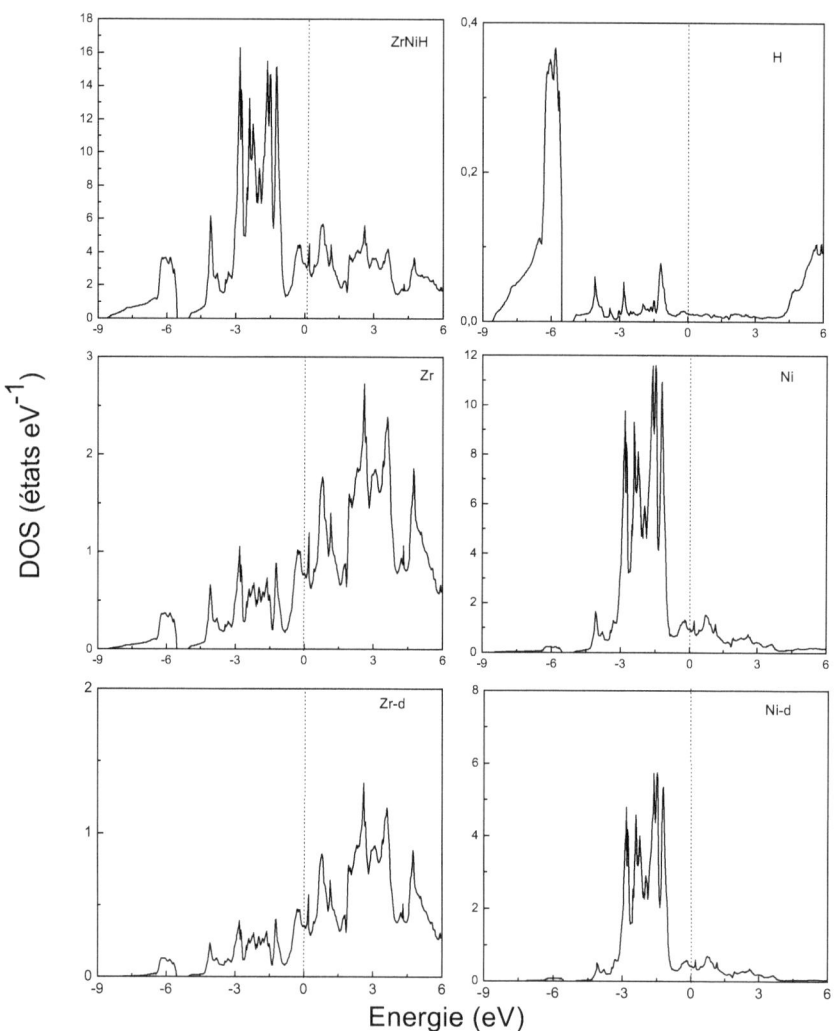

Figure IV.4.4 Densité d'états totale et densités d'états partielles de ZrNiH décomposées par atome et par moment angulaire. Le niveau de Fermi est repéré par la ligne verticale en pointillés.

Chapitre IV : résultats et discussions   4. Les propriétés de ZrNiH et ZrNiH$_3$

c) ZrNiH$_3$

Nous avons représenté sur la fig. IV.4.5 les densités d'états électroniques (DOS) totale et partielles du ZrNiH$_3$ en fonction de l'énergie. Le niveau de Fermi est pris comme énergie de référence et est indiqué par une ligne discontinue.

On observe l'apparition d'états liants métal-hydrogène entre -9 eV et -4.5 eV (cf. courbe DOS ZrNiH$_3$ totale). Cette structure de la liaison métal-hydrogène est plus large énergétiquement que dans le cas ZrNiH où elle est comprise entre -8.6 eV et -5.5 eV. Ce fait est une conséquence du nombre plus important d'atomes d'hydrogène pour le premier composé.

On constate également pour le ZrNiH$_3$, à partir des courbes présentant les décompositions de la densité totale autour des sites atomiques (courbes DOS, H totale, Zr totale et Ni totale) que les contributions du Ni et du Zr à la liaison métal-hydrogène sont du même ordre de grandeur.

L'énergie de Fermi est plus proche du pic de Ni que dans le cas du composé intermétallique ZrNi. Enfin la contribution des états Ni-d au niveau de Fermi est plus grande que celle des états équivalents Zr-d (cf. courbes Zr-d et Ni-d). Au-delà du niveau de Fermi, la contribution à la densité totale est le fait principalement des états Zr-d.

En conclusion de ce paragraphe nous noterons que l'absorption de l'hydrogène par le composé intermétallique provoque des modifications des propriétés électroniques de ce composé. Elle s'accompagne d'une augmentation de volume de la maille induisant des changements dans les interactions entre les orbitales d, s et p des éléments de transition et la création de nouvelles interactions entre les éléments de transition et les atomes d'hydrogène dues principalement à l'apport d'électrons supplémentaires par les atomes d'hydrogène.

L'analyse des interactions atomiques Zr-Ni, Zr-H et Ni-H, à partir des courbes des densités d'états et de leur décomposition en densités partielles autour des différents sites permet de mette en évidence les paramètres qui contrôlent la stabilité de ces matériaux dont on peut citer la formation d'états liants métal-hydrogène et la modification de la position du niveau de Fermi.

Chapitre IV : résultats et discussions   4. Les propriétés de ZrNiH et ZrNiH$_3$

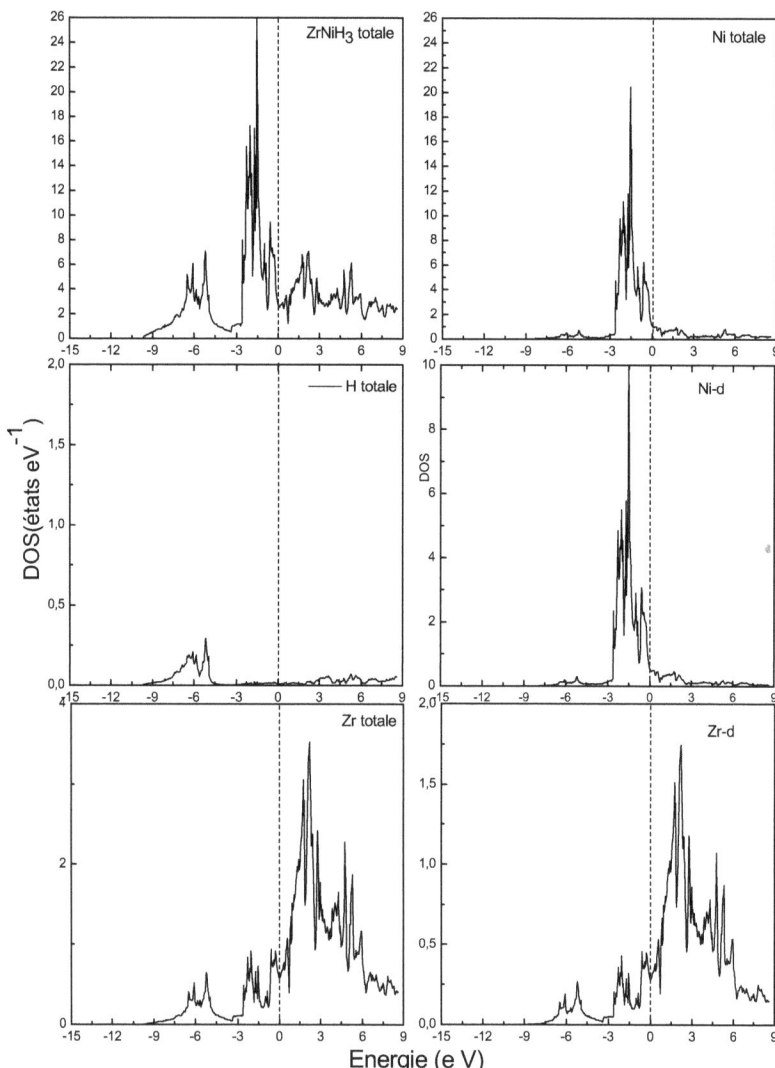

Figure IV.4.5 : Densité d'états totale, la densités d'états partielles de ZrNiH$_3$ décomposées par atome et par moment angulaire. Le niveau de Fermi est repéré par la ligne verticale (pointillé).

Chapitre IV : résultats et discussions   4. Les propriétés de ZrNiH et ZrNiH$_3$

IV.4.4 Propriétés structurale

Nous avons déterminé l'énergie minimale et le volume correspondant des composés ZrNiH et ZrNiH$_3$ à partir de l'étude de la variation de l'énergie totale avec le volume de la maille élémentaires des hydrures (cf. fig. IV.4.6 pour ZrNiH et fig. IV.4.7 pour ZrNiH$_3$). Ce calcul peut permettre la prédiction du module de compression à partir de l'équation d'état de Murnaghan [20]. Le tableau IV.4.2 résume les paramètres de la structure cristalline optimisés pour les deux hydrures ZrNiH et ZrNiH$_3$ tels que les prévoient nos calculs.

Tableau IV.4.2. Les paramètres de maille optimisés comparés aux paramètres de maille expérimentaux pour ZrNiH et ZrNiH$_3$.

Hydrure	Paramètres optimisés	Paramètres expérimentaux
ZrNiH	$a = 3.42 \, \text{A}^0$ $b = 10.49 \, \text{A}^0$ $c = 4.13 \, \text{A}^0$	$a = 3.36 \, \text{A}^0$ $b = 10.31 \, \text{A}^0$ $c = 4.06 \, \text{A}^0$
ZrNiH$_3$	$a = 3.63 \, \text{A}^0$ $b = 10.76 \, \text{A}^0$ $c = 4.42 \, \text{A}^0$	$a = 3.53 \, \text{A}^0$ $b = 10.49 \, \text{A}^0$ $c = 4.30 \, \text{A}^0$

Les déviations entre paramètres optimisés et paramètres expérimentaux sont de 1.79 %, 1.75% et 1.72 % pour le ZrNiH et de 2.54 %, 2.57 % et 2.58 % pour le ZrNiH$_3$. Ces écarts sont acceptables. Le module de compression de ZrNiH et ZrNiH$_3$ sont respectivement de 124.84 GPa et 128.26 GPa. On remarque la fragilisation de l'hydrogène de ZrNiH$_3$ par rapport au ZrNiH

IV.4.5 L'enthalpie de formation de ZrNiH$_3$

La déshydrogénation de ZrNiH$_3$ a pour réaction

ZrNiH$_3 \rightarrow$ ZrNiH + H$_2$

L'enthalpie de formation est donnée par

$\Delta H = E_{tot} (\text{ZrNiH}_3) - E_{tot} (\text{ZrNiH}) - E_{tot} (\text{H}_2)$

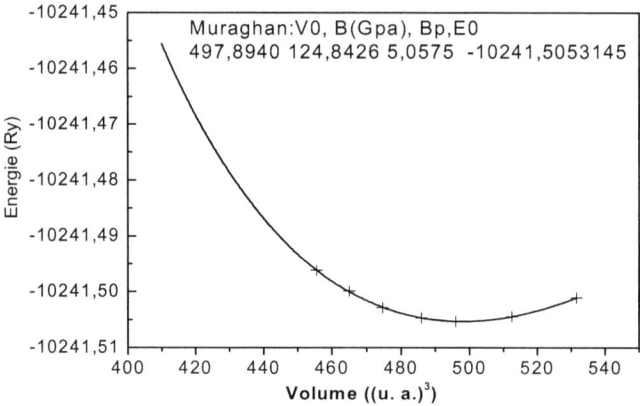

Figure IV.4.6. L'énergie totale de ZrNiH en fonction du volume de la maille. 1 Ry=13.6 eV et 1 u. a. = 0.53 Å

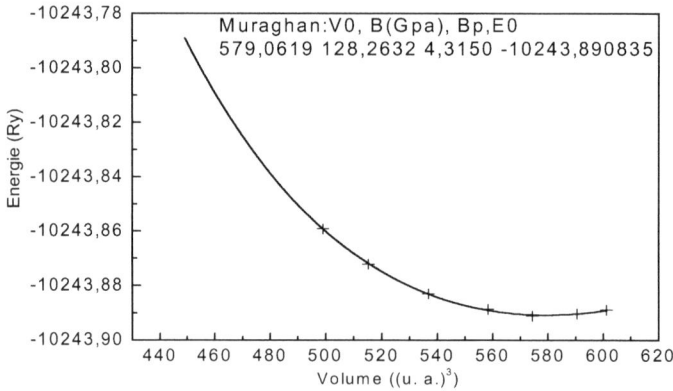

Figure IV.4.7. L'énergie totale de ZrNiH$_3$ en fonction du volume de la maille. 1 Ry=13.6 eV et 1 u..a=0.53 Å

Les énergies totales de ZrNiH et ZrNiH$_3$ utilisées dans le calcul de l'enthalpie sont celles obtenues avec les structures optimisées relaxées (figs. IV.6 et IV.7). L'énergie totale de la molécule H$_2$ isolée a été calculée à l'aide du même canevas théorique utilisé pour les autres composés (c'est-à-dire: même R$_{mt}$, RK$_{max}$ ...etc). Nos résultats

Chapitre IV : résultats et discussions   4. Les propriétés de ZrNiH et ZrNiH$_3$

sont rapportés dans le tableau IV.4.3. Pour l'enthalpie de formation, l'accord obtenu avec l'expérience nous semble acceptable si l'on considère que nous avons négligé l'énergie du mouvement de vibration des atomes du réseau [23] (énergie du point zéro). Cette contribution qui est négligeable pour les éléments lourds (Ni et Zr) est par contre importante pour l'hydrogène [23]. Le point qui nous semble important pour expliquer la différence est notre approche du calcul de l'énergie totale de H$_2$. Le Wien2k, comme plusieurs codes de calcul basés sur la DFT, est adapté au calcul de systèmes périodiques solides mais pas aux gaz. Toutefois nous l'avons utilisé pour un gaz binaire en le supposant enfermé dans une « boite » de grandes dimensions et en gardant la longueur de liaison entre les deux atomes de gaz égale à celle d'un gaz libre. Techniquement cela revient à placer une molécule de H$_2$ dans une grande maille élémentaire et augmenter la taille de la maille jusqu'à temps que l'énergie totale converge.

Tableau IV.4.3 l'enthalpie de formation calculée comparée a l'enthalpie expérimentale de production de l'hydrogène a partir de ZrNiH$_3$. Le calcul de l'énergie totale de H$_2$ est détaillé dans le texte.

Composé	L'énergie totale
ZrNiH	-10241.505315 Ry
ZrNiH$_3$	-10243.890835 Ry
H$_2$	-2.32006 Ry (H$_2$ dans un cube de 6 Å d'arête)
	-2.33 Ry (H$_2$ dans un cube de 10 Å d'arête)
Enthalpie de formation calculée	42.89 kJ/mole.H (H$_2$ dans un cube de 6 Å d'arête)
	36.37kJ/mole.H (H$_2$ dans un cube de 10 Å d'arête)
Enthalpie de formation expérimentale [21-22]	34.3 kJoule/mole.H

En appliquant cette procédure à H$_2$, c'est-à-dire en isolant la molécule dans un cube et en optimisant la longueur de la liaison H-H, nous avons obtenu pour une arête de 6 Å une énergie de relaxation de 2.32006 Ry alors qu'une arête de 10 Å porte celle-ci à 2.33 Ry faisant passer l'énergie de l'enthalpie de formation de 42.89 KJ/mol.H à

36.37 KJ/mol.H (voir le tableau IV.4.3). Cette seconde valeur plus exacte que la première coûte très cher en temps de calcul et en place mémoire à cause du potentiel « tous électrons » dans Wien2k. La méthode FP-LAPW est évidemment une alternative. Si elle est précise et reproduit avec une grande précision les propriétés physiques des hydrures elle souffre par contre de sa lenteur car elle exige également beaucoup de calculs et d'une flexibilité limitée lorsqu'il s'agit de composés complexes [24-25].

Références

[1] X. Huang, G. J. Ackland, K. M. Rabe. Nat Mater 307 (2003) 2.

[2] H. Zahres, M. Acet, W. Stamm, E. F. Wassermann, J Alloys Compd 72 (1988) 80

[3] J. L. Baron, A. Virot, J. Delaplace, Journal of nuclear Materials 83 (1979) 286-297.

[4] G. G. Libowitz, H. F. Hayes, T. R. P. Gibbs Jr., J. chem. 62 (1958) 76.

[5] D. G. westlake, H. Shaked, P. R. Mason, B.R, McCart, M. H. Mueller, T. Matsumoto, M. Amano, M. J.less-common Met. 88(1982) 17.

[6] D.G. Westlake, D. G., J.less-common Met. 75(1980) 177.

[7] W. L. Korst, J. Phys. Chem. 66(1962) 370.

[8] M. E. Kost, L. N. Padurets, A. A. Chertkov, V. I. Mikheeva, Russ, J. Inorg. Chem. 25 (1980) 471.

[9] M. Gupta, J. of Less-Common Met. 88 (1983) 221.

[10] P. Hohneberg, W. Kohn, Phys. Rev. B 136 (1964) 864.

[11] W. Kohn, L.J. Sham, Phys. Rev. A1133 (1965) 140.

[12] P. Blaha., K. Schwartz, P. Sorantin, S. B. Trickey, Comput. Phys. Commun. 59 (1990) 399.

[13] P. Blaha ., K. Schwartz, G. Madsen , Kvasnicka, J. Luitz J. WIEN2K, Vienna University of Technology, (2000)

[14] J. P. Perdew, S. Burke, M. Ernzerhof M., Phys. Rev. Let. 77 (1996) 3865.

[15]: J. D. Pack and H. J. Monkhorst, Phys. Rev, B 16 (1971) 1748.

[16]: H. J. Monkhorst and J. D. Pack, Phys. Rev, B 13 (1976) 5188.

[17] N. Michel, thèse d'état « Etude des propriétés Thermodynamiques, Microstructurales et Electroniques du système ZrNi-H[2] » Université de Paris 11, Orsay, FRANCE INIST-CNRS, Cote INIST : T 139271

[18] S. Yang, F. Aubertin., P. Rehbein, and U. Gonser, Zeits Für Kristal. 195 (1991) 281.

[19] N. Michel, S. Poulat, P. Millet, P. Dantzer, L. Priester, M. Gupta, J. Alloys Comp. 330-332(2002) 280-286.

[20] F. D. Murnaghan, Proc. Natl. Acad. Sci. USA 30 (1944) 244.

[21] W. Luo, A. Craft, T. Kuji, H. S. Chung, T. B. Flanagan, J Less-Common Met 162 (1990) 251–266.

[22] P. Dantzer, P. Millet, T. B. Flanagan, Metall. Mater. Trans. A Phys Metall Mater Sci 32 (2001) 2938.

[23] K. Miwa, N. Ohba, S. Towata, Y. Nakamori, S. Orimo, Phys Rev B 69 (2004) 245120.

[24] A. Kinaci, M. K. Aydinol, Int J Hydrogen Energy 32 (2007) 2466–2474.

[25] P. V. Jasen, E. A. Gonzalez, G. Brizuela, O. A. Nagel, G. A. Gonzalez, A. Juan, Int. J. Hydrogen Energy 32 (2007) 4943–4948.

IV.5. Les propriétés de NaMgH$_3$

Nous consacrons cette partie à l'étude des propriétés d'un composé particulier de la famille des hydrures de structure pérovskite constitués principalement d'atomes du groupe 1A et du groupe 2A du tableau périodique [1-5].

Il est intéressant de noter qu'en plus de leurs potentialités dans le domaine du stockage de l'hydrogène, ces composés présentent un aspect particulier associé à l'incorporation de l'hydrogène : l'amélioration de la supraconductivité. Overhauser [6] a suggéré dès 1987 que le LiBeH$_3$ pourrait avoir une densité électronique supérieure à celle de l'hydrogène métallique et que le matériau pouvait se révéler supraconducteur à haute température.

Certains hydrures à base de magnésium ont des structures pérovskite exprimées en MMgH$_3$ où le ligand M est un atome alcalin (M = Na, K, Rb) [7-10]. Ces matériaux sont de bons candidats au stockage de l'hydrogène en raison de leurs capacités plus élevées dans ce domaine que les hydrures simples, de leur poids léger et enfin leur faible coût par rapport à d'autres hydrures complexes.

Li et *al.* [11] ont étudié la structure électronique de LiMgH$_3$, NaMgH$_3$ et LiCaH$_3$ et ont conclu que le premier composant était un isolant et les deux suivants des métaux. Par contre, les travaux de Fornari et al. [12] et Vajeeston et al. [13] indiquent que le NaMgH$_3$ est plutôt un isolant. Les travaux de ces auteurs ne sont pas fondés sur les mêmes approches (LCAO pour [11] et premiers principes pour [12-13]). Les calculs des deux derniers groupes d'auteurs ont permis de confronter leurs prédictions aux mesures de l'enthalpie standard de Bouamrane et al. [14] et Ikeda et al. [15]. Ces conclusions contradictoires associées à la rareté d'informations (aussi bien expérimentales que théoriques) sur des propriétés fondamentales, telles qu'élastiques, optiques et thermodynamiques font que ce type d'hydrures constitue encore un vaste champ d'investigation.

Notre motivation est ici d'étudier les arrangements atomiques, la structure électronique et la nature des liaisons au sein de la série MMgH$_3$ en détail afin de vérifier la stabilité de ces matériaux pour les applications de stockage de l'hydrogène.

Chapitre IV : résultats et discussions   5. Les propriétés de NaMgH$_3$

Nous avons choisi de nous focaliser sur le NaMgH$_3$ à cause de ses hautes densités gravimétrique et volumétrique en hydrogène ($\rho G \approx 6\%$ et $\rho V \approx 88$ kg/m^3) et ses réactions d'hydruration et déshydruration réversibles. Le NaMgH$_3$ est considéré comme un candidat prometteur pour les applications de stockage [15]. Eu égard au peu d'informations disponibles sur les fonctions thermodynamiques et sur la dynamique microscopique du réseau du NaMgH$_3$, nous nous proposons de calculer la courbe de dispersion des phonons. Le spectre de phonons permettant par la suite de déterminer les propriétés de transition de phase, la stabilité thermodynamique, le transport et les propriétés thermiques.

Nous étudierons également la structure cristalline, les propriétés électroniques et les propriétés optiques. Les propriétés du réseau seront déterminées en utilisant l'approche de la réponse linéaire au sein de la théorie des perturbations de la densité fonctionnelle (DFPT). Dans cette approche, les fréquences des phonons peuvent être obtenues avec plus de précision que dans l'approche de supercellule. Les propriétés thermodynamiques incluant la contribution des phonons à l'énergie libre de Helmholtz et à l'énergie interne, l'entropie et la chaleur spécifique à volume constant seront calculées en utilisant l'approximation harmonique. Enfin nous discuterons les contradictions remarquées sur les valeurs expérimentales de l'enthalpie standard de formation de NaMgH$_3$.

IV.5.1 Méthode de calcul

Dans cette partie, tous les calculs ont été effectués à l'aide d'ABINIT [16], un code qui implémente la DFT à travers la résolution des équations de Kohn et Sham [17]. Le code contient également une partie dédiée à l'étude des vibrations et des propriétés diélectriques qui utilise la méthode de la fonctionnelle de la densité perturbée.

ABINIT est basé sur le développement en ondes planes des fonctions électroniques avec une représentation périodique du système dans une cellule (ou une supercellule) soumise à des contraintes périodiques aux frontières. Cette représentation le rend particulièrement adapté à l'étude des propriétés des cristaux. Les électrons du cœur ne sont pas explicitement traités par le programme ; ils sont remplacés par des pseudopotentiels dont le code présente une grande variété. Les calculs sont ainsi centrés utilement sur les liaisons et la réponse des électrons de valence et le coût en termes de temps de calcul moindre par rapport aux méthodes « tous électrons ». Le code est jusqu'à présent en perpétuelle évolution avec une communauté extrêmement active. Le lecteur intéressé trouvera une concise mais excellente description des possibilités du code et des techniques mises en œuvre pour la résolution dans [18].

Signalons que nous avons choisi d'étudier l'effet de l'énergie d'échange et de corrélation sur le calcul de structure de la maille. Nous avons adopté l'approximation du gradient généralisé (GGA version PBE [19]) et l'approximation de la densité locale (LDA) avec la paramétrisation de Teter-Pade (cf. ref. [20]). Les cœurs atomiques ont été représentés dans le premier cas par les pseudopotentiels FHI GGA [21] et par ceux de Hartwigsen-Goedecker-Hutter (HGH) [20] dans le second cas.

Nous avons soigneusement testé la convergence de nos calculs par rapport à l'énergie de coupure et au nombre de points **k** définissant le maillage de la zone de Brillouin. Après tests une énergie de coupure de 50 Hartree et une grille de 8 x 8 x 8 points **k** sont apparus comme adéquats.

Nous avons obtenu les fréquences des phonons à partir de la méthode linéaire de la fonctionnelle de la densité perturbée. Ceci présente l'avantage d'éviter l'utilisation de supercellules pour le calcul des déplacements atomiques et permet d'obtenir la matrice dynamique (cf. chapitre III) pour des transferts arbitraires de vecteur d'onde **q**. Les fréquences des phonons en tout point de l'espace réciproque ainsi que les relations de dispersion peuvent alors être obtenus par interpolation. Les densités d'états des phonons (P-DOS) peuvent enfin être déduites des courbes de dispersion.

IV.5.2 La structure cristalline

La structure cristalline de $NaMgH_3$ est une structure pérovskite déformée dont le groupe d'espace est le Pnma [9,22]. Dans le cas général les pérovskites ont pour formule ABX3. Ils adoptent lorsque celle-ci n'est pas déformée la structure cubique de groupe d'espace Pm3m. Un motif ABX3 par maille suffit à décrire l'arrangement structural où les atomes X forment un réseau d'octaèdres BX6 partageant leurs sommets dans les trois directions cristallographiques. L'association des octaèdres formant des cavités dans lesquelles se localisent les cations A en adoptant une coordinence 12. Les cations B sont au centre des octaèdres en coordination 6.

Toutefois beaucoup de pérovskites présentent une symétrie moins élevée nécessitant le choix d'une maille plus grande pour décrire la structure. La cause en est des déformations dont l'origine peut-être due à des différences entre les rayons ioniques des cations A et B ou plus simplement aux distorsions des octaèdres. Dans ce dernier cas le mécanisme de déformation est une inclinaison des octaèdres essentiellement rigides BX6 liés par le sommet. Cette situation se produit lorsque le site du cation A est trop petit pour sa cavité de 12 coordinations dans la structure cubique. La déformation dans les pérovskites est détaillée dans les travaux de Glazer et al. [23] et Woodward et al. [24-25].

Pour notre cas, il a été rapporté que la structure du $NaMgH_3$ possède 20 atomes (Fig. IV.5.1). Elle possède deux sites d'occupation d'hydrogène (4c,8d) entourés par des Na (4c) et Mg (4b) [9,22]. Conformément à la structure pérovskite ABX3, chaque cation Na (site A) est entouré de 12 anions H alors que chaque cation Mg (site B) est coordonné avec 6 anions H. La structure cristalline et les liaisons dans le $NaMgH_3$ peuvent être caractérisées de différentes manières en définitive équivalentes à l'aide d'un facteur de tolérance, de l'inclinaison octaédrique, de la distorsion de réseau ou la distorsion des octaèdres MgH_6. On trouvera des détails dans la réf. [22].

Comme précisé dans le chapitre III, la résultante des forces subies par chaque atome peut-être déterminée à l'aide du théorème de Hellman-Feynman [26]. La recherche du minimum de l'énergie du système utilise ce théorème en modifiant les positions des atomes à l'aide de l'algorithme de Broyden-Fletcher-Goldfarb-Shanno (BFGS) [27]. La stabilité est supposée atteinte lorsque la résultante varie de moins de 10^{-5} Ha/bohr/atome. Notons que dans le schéma BFGS, la relaxation des positions atomiques est couplée à l'optimisation de la structure i.e à la relaxation de la taille et à la forme de la cellule.

Chapitre IV : résultats et discussions　　　　5. Les propriétés de NaMgH$_3$

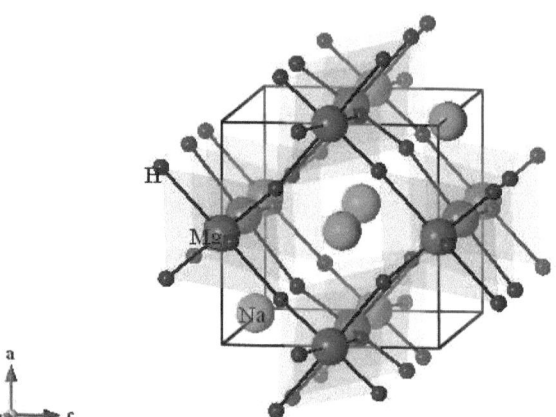

Figure IV.5.1 la structure cristalline de NaMgH$_3$ (rose: Mg, vert: Na, petit et bleu : H). les positions de H, Na et Mg sont mentionnées sur la figure. Mg est localisé dans le centre d'un octaèdre.

Nous avons effectué la relaxation complète du système, c'est-à-dire l'optimisation des paramètres de la maille et des positions atomiques en examinant l'effet de l'énergie d'échange et de corrélation sur ces paramètres. Nos résultats sont consignés dans le tableau IV.5.1. Bien que les deux fonctionnelles choisies pour l'énergie d'échange et de corrélation sous-estiment légèrement les paramètres de maille, on constate toutefois globalement un bon accord entre nos prédictions et les valeurs expérimentales. Les écarts entre les valeurs théoriques et les mesures pour les paramètres de maille a, b et c sont de moins de 1 % pour l'approximation GGA et de moins de 4.2 % pour la LDA. Nos résultats montrent donc que nos calculs sont fiables. Nous allons donc utiliser ces constantes du réseau optimisées à l'aide de l'approximation GGA pour déterminer d'autres propriétés du NaMgH$_3$ dans la suite de cette étude.

Tableau IV.5.1 : la structure cristalline (paramètres de maille et positions atomique optimisée de NaMgH$_3$, comparée a la structure expérimentale [9]. Le calcul est effectué en utilisant les approximations GGA et LDA.

Pérovskite	Paramètres de maille (Å)			Les positions atomiques		
	Exp [9]	Cal:LDA	Cal:GGA	Exp. [9]	Théorique : LDA	Théorique: GGA
NaMgH$_3$ (62 Pnma)	a= 5.463	a=5.233	a=5.410	Mg(4b) (0,0,0.5)	(0,0,0.5)	(0,0,0.5)
	b= 7.703	b=7.378	b=7.628	Na(4c) (0.021,0.25,0.006)	(0.032,0.25,-0.005)	(0.027,0.25,0.005)
	c= 5.411	c=5.182	c= 5.358	H1(4c) (0.503,0.25,0.093)	(0.467,0.25,0.089)	(0.474,0.25,0.081)
				H2(8d)(0.304,0.065,0.761)	(0.298,0.047,0.701)	(0.293,0.043,0.706)

IV.5.3 La structure et la densité des états électroniques

Nous avons tracé sur la fig. IV.5.2 la courbe représentant la densité des états électroniques totale de NaMgH$_3$. Celle-ci montre un bon accord qualitatif avec les allures de cette densité rapportées par *(i)* Khowash et *al.* [28] pour une structure cubique idéale en utilisant la méthode LMTO, *(ii)* Fornari et *al.* [12] avec la méthode LAPW et la fonctionnelle LDA et *(iii)* Vajeeston et *al.* [13] avec la méthode PAW et la fonctionnelle GGA.

Nous estimons le gap énergétique entre la bande de valence et la bande de conduction à 3.4 eV. Ce résultat est en bon accord avec les prédictions des auteurs cités précédemment (3 eV pour [12] et 3.5 eV pour [13]). Il est établi que les deux fonctionnelles LDA et GGA sous-estiment la valeur du gap (de manière plus prononcée pour la première) [29], toutefois notre valeur est typique d'un calcul DFT adéquat. Nous déduisons de notre valeur que le NaMgH$_3$ est un isolant. Sur la fig. IV.5.3 nous présentons les densités électroniques partielles contributions à la densité de chaque atome et moment angulaire de NaMgH$_3$. Nous remarquons que la contribution de Na à la bande de valence est faible (Fig. IV.5.3), ce qui indique que le Na est ionisé en Na$^+$ (les électrons de valence sont transférés à partir du site de sodium vers le site de l'hydrogène). Les états Mg-s se trouvent essentiellement dans la gamme des énergies les plus faibles, alors que les états Mg-p sont dans le domaine des énergies élevées de la bande de valence. Les états Na-s et Na-p sont par contre répartis sur toute la bande de valence. Comme le nombre d'états H-s prédomine dans la bande de valence, le caractère de l'hydrogène est prédominant dans cette bande par rapport à celle de conduction. L'interaction entre Mg et H possède un caractère ionique. D'autre part on remarque que la bande de valence se compose principalement des états H-s hybridés avec les états Mg-s et les états Mg-p (Fig. IV.5.3), ce qui crée une situation favorable à la formation de liaisons covalentes au sein de l'octaèdre anionique [MgH6]⁻. Ainsi la nature covalente de la liaison entre le magnésium et l'hydrogène existe toujours bien que faible.

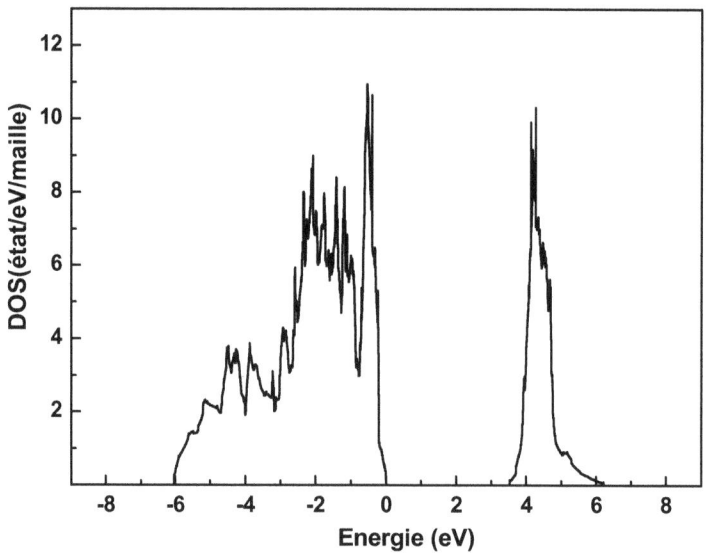

Figure IV.5.2 La densité d'état électronique totale de NaMgH$_3$. Le niveau de Fermi est pris comme énergie zéro.

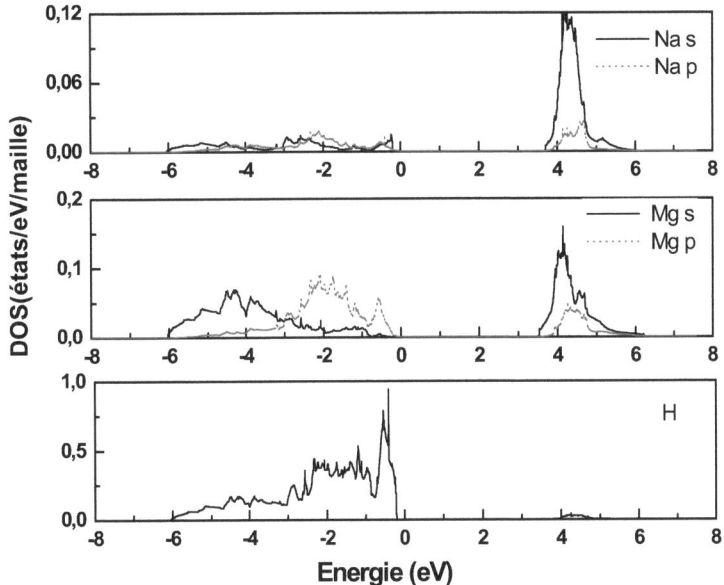

Figure IV.5.3 les densités d'états électroniques partielles de NaMgH$_3$. Le niveau de Fermi est pris comme énergie zéro.

Toutes ces remarques nous amènent à conclure que la nature de la liaison de l'hydrure NaMgH$_3$ ne présente pas un caractère simple : simplement ionique ou covalent mais est plutôt complexe. Elle est ionique entre le Na et le MgH$_3$ alors qu'elle possède les deux caractères ionique et covalent entre le Mg et le H.

IV.5.4 Les propriétés optiques

Les propriétés optiques des solides constituent un outil puissant, tant expérimental que théorique, pour en étudier les propriétés telles que la structure énergétique des bandes, les vibrations du réseau cristallin, les défauts localisés, etc.

Chapitre IV : résultats et discussions   5. Les propriétés de NaMgH$_3$

La structure énergétique des bandes est liée directement à la constante diélectrique complexe, fonction de la fréquence du photon $\varepsilon(\omega)$ que l'on écrit habituellement sous la forme

$\varepsilon(\omega) = \varepsilon_1(\omega) + i\varepsilon_2(\omega)$ où $i = \sqrt{-1}$ (IV.5.1)

La partie imaginaire de $\varepsilon(\omega)$ est donnée par [30] (voir l'annexe A « propriétés optiques »)

$$\varepsilon_2(\omega) = \frac{e^2}{3\pi^2 m^2 \omega^2} \sum_{i,j} \int d\mathbf{k} f_i (1-f_j) |\langle i|\mathbf{p}|j\rangle|^2 \delta(E_f - E_i - \hbar\omega)$$ (IV.5.2)

Où **p** est l'opérateur impulsion, e la charge de l'électron et m sa masse. Les indices i et j repèrent les états des bandes impliquées dans les transitions (il s'agit ici de transitions interbandes). Chaque état $|i\rangle$ de la bande est caractérisé par son énergie E_i et par sa fonction de distribution de Fermi f_i. Si la partie imaginaire est connue on peut en déduire la partie réelle à partir des formules de Kramers-Kronig

$$\varepsilon_1(\omega) = 1 + \frac{2}{\pi} \int_0^\infty d\omega' \frac{\omega' \varepsilon_2(\omega')}{\omega'^2 - \omega^2}$$ (IV.5.3)

Le résultat de nos calculs pour la partie imaginaire ε_2 (correspondant à l'absorption) de la constante diélectrique du NaMgH$_3$ est montré sur la fig. IV.5.4 en fonction de l'énergie des photons en eV. L'allure du tracé montre différents pics majeurs et mineurs. Ces pics de réponse optique sont causés par les transitions des photons entre les bandes de valence et de conduction. La difficulté à interpréter un tel spectre est liée au fait qu'un pic de $\varepsilon_2(\omega)$ peut correspondre à plusieurs transitions interbandes d'énergies voisines.

Nous avons jugé utile d'identifier les transitions responsables des pics de $\varepsilon_2(\omega)$ en utilisant notre structure de bande calculée (présentée sur la fig. IV.5.5) le long des points de haute symétrie $\Gamma(0,0,0)$, X(0.5,0,0), Y(0,0.5,0), T(0,0.5,0.5) et S(0.5,0.5,0). Nous avons pour cela décomposé le spectre suivant les contributions de chaque paire de transition entre une bande de valence v_i et une bande de conduction c_j. Le calcul des énergies des transitions $E = E_{ci} - E_{vj}$ permet en principe d'identifier les couples

(v_i,c_j) qui contribuent de manière prépondérante aux pics identifiables sur le spectre optique et leurs emplacements dans la zone de Brillouin. Les résultats de notre analyse, position des pics, transitions interbandes correspondantes et leurs emplacements dans la zone de Brillouin, sont présentés dans le tableau IV.5.2 pour le NaMgH$_3$. A la lumière de ces transitions nous pouvons analyser le spectre en termes de contributions partielles des transitions d'une bande à une autre.

Le premier point critique du spectre (cf. le début du spectre optique fig. IV.5.4), qui est attribué au seuil de la transition optique directe $\Gamma \rightarrow \Gamma$ entre le maximum de la bande de valence et le minimum de la bande de conduction se produit à environ 3.4 eV. Il existe un pic à 4.5 eV résultant de la contribution de nombreuses transitions dont la plus distincte correspond à la transition de 4.49 eV entre la première bande de valence v_1 vers la première bande de conduction c_1 suivant les directions S-Y-T. Le troisième pic situé à 5.5 eV est le résultat principalement des transitions suivantes : *(i)* $v_2 \rightarrow c_3$ à 5.65 eV suivant la direction X, *(ii)* $v_3 \rightarrow c_2$ à 5.74 eV selon la direction S-Y-T et *(iii)* $v_4 \rightarrow c_1$ à 5.78 eV le long de la direction T$\rightarrow \Gamma$. Les autres pics et les transitions correspondantes entre bande de valence et de conduction sont listés dans le tableau IV.5.2. La structure de bande des énergies de transitions du NaMgH$_3$ est tracée sur la fig. IV.5.6.

Nous n'avons trouvé aucun spectre expérimental optique disponible pour ce composé auquel confronter nos prédictions. Il semble que le spectre théorique présenté dans ce travail soit original.

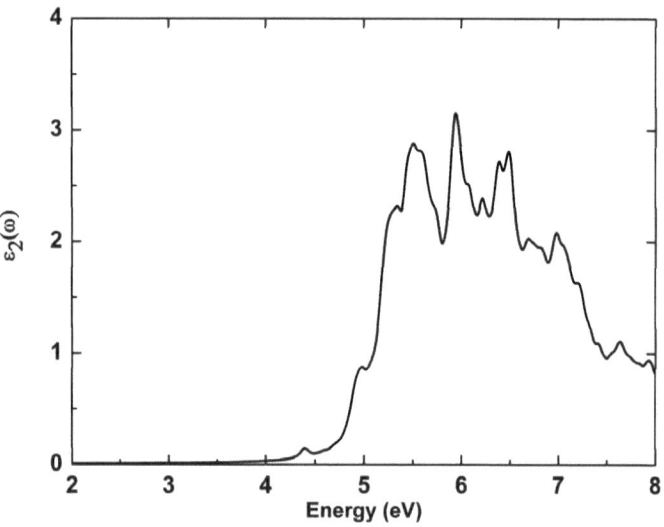

Figure IV.5.4 le spectre d'absorption optique de NaMgH$_3$.

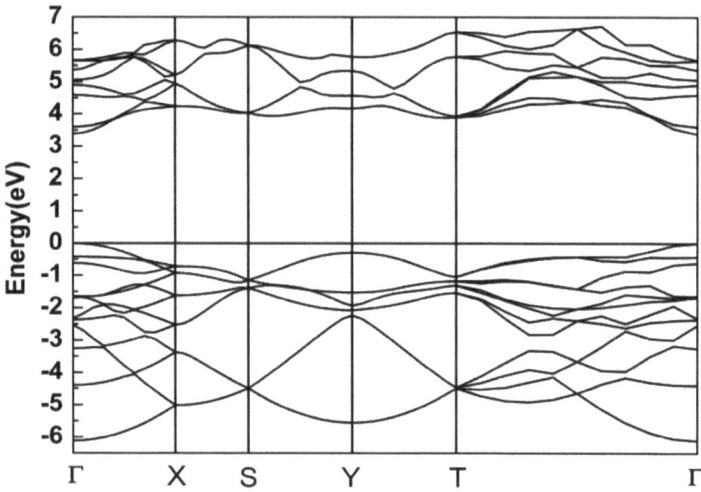

Figure IV.5.5 la structure de bande calculée au long des points de haute symétrie pour le NaMgH$_3$.

Tableau IV.5.2 les transition optique interbande pour le NaMgH$_3$.

Position énergétique de pic (eV)	Les contributions majeures au pic	
	Transition	Energie (eV)
4.5	V1-C1; S-Y-T	4.49
5.5	V2-C3 ; X	5.65
	V3-C2 ; S-Y-T	5.74
	V4-C1 ; T-Γ	5.78
6	V5-C3; S-Y-T	6.01
	V1-C6; Γ-X	6.16
6.5	V5-C3; Y	6.50
	V1-C6; T-Γ	6.82

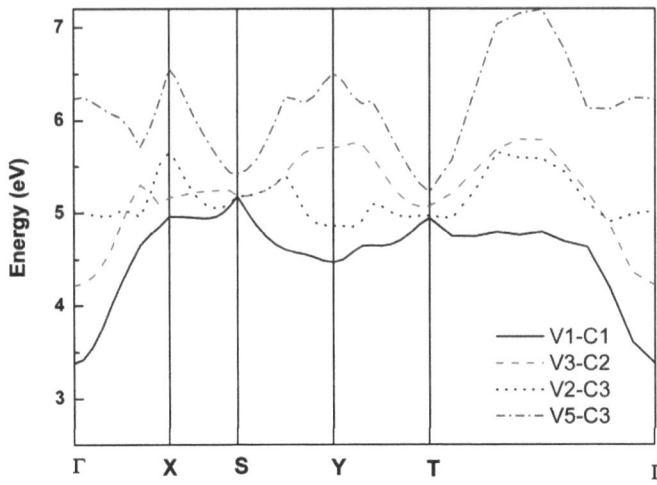

Figure IV.5.6 la structure de bande des énergies de transition. Vi-Cj est la transition de la bande de valence Vi, vers une bande de conduction Cj.

IV.5.5 L'enthalpie de formation standard

L'énergie de formation ΔH a été calculée selon les réactions suivantes en évaluant la différence entre l'énergie totale des produits de réaction et celle des réactifs.

NaH + MgH$_2$ → NaMgH$_3$ (IV.5.4)

Na + MgH$_2$ +1/2 H$_2$ → NaMgH$_3$ (IV.5.5)

NaH + Mg + H$_2$ → NaMgH$_3$ (IV.5.6)

Na + Mg + 3/2 H$_2$ → NaMgH$_3$ (IV.5.7)

Les énergies totales de NaH, Na et Mg ont été calculées pour les structures de l'état fondamental du NaH dans le groupe d'espace $Fm\overline{3}m$, du Na dans le groupe d'espace $Im3m$, du Mg dans le groupe d'espace $P6_3/mmc$ et le MgH$_2$ $P4_2/mnm$ en effectuant une optimisation complète de la géométrie de chaque composé (paramètres de maille et positions d'équilibre des atomes). Les enthalpies telles que nous les avons calculées pour les réactions (IV.5.4-IV.5.7) sont présentées dans le tableau IV.5.3

Tableau IV.5.3 les énergies de formation calculé ΔH_i (i=4, 5, 6, 7) de NaMgH$_3$ selon les équations i=IV.5.4, 5, 6 et 7 respectivement.

Enthalpie de réaction	Ce travail	Autres résultats théoriques	Résultats expérimentaux
ΔH_4(kJ/mol)	-10.88	-11[a], -10[b], -10[c]	
ΔH_5(kJ/mol)	-54.53	-56.01[a]	
ΔH_6(kJ/mol)	-71	-74.80[a]	-88 ± 0.9[d], -93.9[e], -94±15[f]
ΔH_7(kJ/mol)	-151.83	-179.70[a], -147[b]	-145.05[d], -147[e]

[a]Ref. [13]. [b]Ref. [31]. [c]Ref [12]. [d]Ref. [15]. [e]Ref. [32]. [f]Ref. [33].

Nos prédictions sont en bon accord avec d'autres études théoriques [12,13,31]. Notre enthalpie utilisant les processus (IV.5.6) et (IV.5.7) est également en bon accord avec les valeurs expérimentales disponibles [15,32-33]. Notre valeur de l'enthalpie standard de formation ΔH_f du NaMgH$_3$ reste toutefois bien en deçà de la valeur mesurée par Bouamrane et al. [14]. La valeur de ces auteurs est également très différente de celle mesurée par Ikeda et al. [15,32] (cf. les valeurs consignées dans le tableau IV.5.4). Ce désaccord est peut-être dû aux méthodes de mesure différentes utilisées par ces auteurs. En effet les mesures calorimétriques [14] sont directes comparées aux méthodes d'extraction des enthalpies par les courbes isothermes pression-composition-température (PCT) [15,32]. D'après [34], l'enthalpie de formation standard ΔH_f peut être définie comme étant l'énergie échangée lorsqu'une mole de substance est formée à partir des éléments de base dans leur état naturel. L'enthalpie standard de formation des éléments dans leur état naturel est prise comme référence donc nulle. Cette définition permet de déterminer directement l'enthalpie de formation du $NaMgH_3$ à partir de la réaction (IV.5.7) car le composé est formé uniquement par les constituants de base Na, Mg et H.

Tableau IV.5.4. Enthalpie standard de formation de $NaMgH_3$ calculée, comparée aux valeurs expérimentales.

	Ce travail	Expérience
L'enthalpie standard de formation ΔH_f de $NaMgH_3$ in (kJ/mol)	151.83	145.05[a], 147[b], 232[c]

[a]Ref. [15]. [b]Ref. [32]. [c]Ref. [14].

Nos calculs DFT sont vrais pour T=0. D'autres études pourraient être menées pour voir l'influence des corrections de température donc de l'énergie du point zéro et des excitations thermiques de vibration. Cependant l'influence de ces corrections a été jugée mineure [35-36] et nous avons renoncé à étudier ces effets pour le moment. Pour expliquer les écarts entre les mesures expérimentales de Bouamrane et al. [14] et Ikeda et al. [15,32] nous émettons l'hypothèse que dans la détermination de l'enthalpie standard de formation du $NaMgH_3$ à partir de la réaction
$NaMgH_3(solide)+3HCl(aqueux) \rightarrow NaCl(aqueux) + MgCl_2(aqueux) + 3H_2 (gaz)$
Bouamrane et al. [14] n'ont pas tenu compte des corrections en énergie dues à la solubilité des composés dans l'eau. Bien que notre valeur se rapproche de celle de

Ikeda et al. D'autres mesures expérimentales sont souhaitables pour trancher définitivement sur la valeur correcte de l'enthalpie de formation du NaMgH$_3$.

IV.5.6 Charges effectives de Born

Les charges effectives de Born constituent un moyen commode de caractériser la réponse d'un solide à une perturbation électrique. Ces quantités d'essence dynamique sont liées à une grandeur mesurable expérimentalement par opposition au concept théorique de charge statique. Mathématiquement elles sont définies pour un atome κ par un tenseur $Z^*(\kappa)_{\alpha\beta}$ dont les composantes peuvent être considérées comme des coefficients de proportionnalité entre la variation de polarisation macroscopique **P** dans une direction β et un déplacement de l'atome dans la direction α sous un champ nul, ou la dérivée seconde croisée de l'énergie par rapport au déplacement atomique et au champ électrique macroscopique soit [37]

$$Z^*(\kappa)_{\alpha\beta} = \Omega \frac{\partial P_\beta}{\partial \tau_{\kappa,\alpha}}\bigg|_{\varepsilon=0} = -\frac{\partial^2 E}{\partial \tau_{\kappa,\alpha} \partial \varepsilon_\beta}\bigg|_{\tau_{\kappa,\alpha}=0,\varepsilon=0} = \frac{\partial F_{\kappa,\alpha}}{\partial \varepsilon_\beta}\bigg|_{\tau_{\kappa,\alpha}=0}$$

Nous avons calculé les charges effectives de Born pour les quatre atomes Mg, Na, H1 et H2 du NaMgH$_3$ listés dans le tableau IV.5.1. Les valeurs des composantes du tenseur ainsi que les valeurs propres de la partie symétrique de Z^* sont consignées dans le tableau IV.5.5 pour chaque atome.

Les composantes non-diagonales des tenseurs montrent de petites contributions asymétriques permises par la structure orthorhombique. Cela indique le caractère ionique de ce composé car dans un composé purement ionique, les composantes non-diagonales du tenseur de charge effective de Born sont faibles et les composantes diagonales indiquent la quantité de charge qui peut-être transférée d'un site à un autre. Les composantes de la charge effective de Mg, sont légèrement plus faibles que la charge nominale (+2), tandis que celles de Na et H sont proches de la charge nominale (+1) et (-1) respectivement. Ce résultat confirme à nouveau le caractère ionique de NaMgH$_3$.

Tableau IV.5.5. Composantes du tenseur de charge effective de Born

Atome	Tenseur	Valeurs propres
Mg	$\begin{pmatrix} 1.760 & -0.027 & 0.070 \\ -0.004 & 1.759 & 0.120 \\ -0.086 & -0.109 & 1.761 \end{pmatrix}$	$\begin{pmatrix} 1.775 & & \\ & 1.830 & \\ & & 1.650 \end{pmatrix}$
Na	$\begin{pmatrix} 1.066 & & -0.007 \\ & 1.071 & \\ 0.005 & & 1.051 \end{pmatrix}$	$\begin{pmatrix} 1.071 & & \\ & 1.063 & \\ & & 1.054 \end{pmatrix}$
H1	$\begin{pmatrix} -0.801 & & 0.027 \\ & -1.208 & \\ -0.017 & & -0.814 \end{pmatrix}$	$\begin{pmatrix} -1.208 & & \\ & -0.944 & \\ & & -0.816 \end{pmatrix}$
H2	$\begin{pmatrix} -1.012 & -0.003 & -0.192 \\ 0.003 & -0.811 & -0.011 \\ -0.199 & -0.0142 & -0.999 \end{pmatrix}$	$\begin{pmatrix} -1.201 & & \\ & -0.820 & \\ & & -0.801 \end{pmatrix}$

Le tenseur diélectrique optique calculé est

$$\varepsilon = \begin{pmatrix} 3.54 & & \\ & 3.54 & \\ & & 3.53 \end{pmatrix}$$

Le tenseur est isotrope, cohérent avec le fait que la déformation de la structure orthorhombique est faible [9-15, 22, 38-39]. Nous n'avons pas pu confronter ce tenseur à d'autres valeurs théoriques ou expérimentales pour le NaMgH$_3$ car ces données ne semblent pas disponibles actuellement.

IV.5.7 Les propriétés dynamiques

Un des effets majeurs de l'énergie thermique sur la structure des matériaux, est la vibration des réseaux. En d'autres termes, la création des phonons et leur diffusion dans le réseau sont essentiellement dues aux effets de la température. Nous avons en conséquence calculé la fréquence des phonons en fonction des points **k** pour le NaMgH$_3$.

Il est commode de traiter les vibrations d'un réseau en termes de vibrations de modes normaux pour chaque type de fréquence des phonons (branches acoustiques et optiques) et chaque type de propagation (longitudinal et transversal). Les matrices dynamiques caractérisant les vibrations peuvent être obtenues en différents points de la zone de Brillouin.

La relation entre la fréquence de vibration ω et le vecteur d'onde $\mathbf{q}$ est donnée par [40,41]

$$\omega = \omega_j(\mathbf{q})$$

où j est l'indice de branche. Un réseau cristallin possédant n atomes par maille possède $3n$ branches ; trois d'entre-elles sont acoustiques et les autres sont optiques.

La fréquence de vibration dépend à la fois de l'amplitude et de la direction du vecteur d'onde toutefois la relation de dispersion présente des propriétés de symétrie dans l'espace des $\mathbf{q}$. La symétrie par translation $\omega_j(\mathbf{q}+\mathbf{G}) = \omega_j(\mathbf{q})$ permet de considérer la première zone de Brillouin seulement tandis que les symétries par inversion $\omega_j(q) = \omega_j(-q)$ et par rotation permettent d'établir les relations entre les différentes régions de la zone de Brillouin [41].

Dans la structure orthorhombique NaMgH$_3$, il y a 20 atomes par maille, donc 60 modes normaux de vibrations, qui comprennent 3 modes acoustiques et 57 modes optiques. Les courbes de la densité des états des photons (P-DOS) et de dispersion des phonons le long de plusieurs lignes de haute symétrie sont montrées respectivement sur les figs. IV.5.7 et IV.5.8.

Nous pouvons noter en premier lieu, qu'il y a quatre bandes distinctes en raison de la grande différence de masse entre l'hydrogène et les atomes de sodium et de magnésium. D'autre part le NaMgH$_3$ est dynamiquement stable tout au long de la zone de Brillouin ; cela est traduit sur la fig. IV.5.8 par le fait que toutes les fréquences des phonons sont positives. Les fréquences des phonons se situent entre 0 et 1437 cm^{-1} et aucun écart n'existe entre les modes optiques et acoustiques.

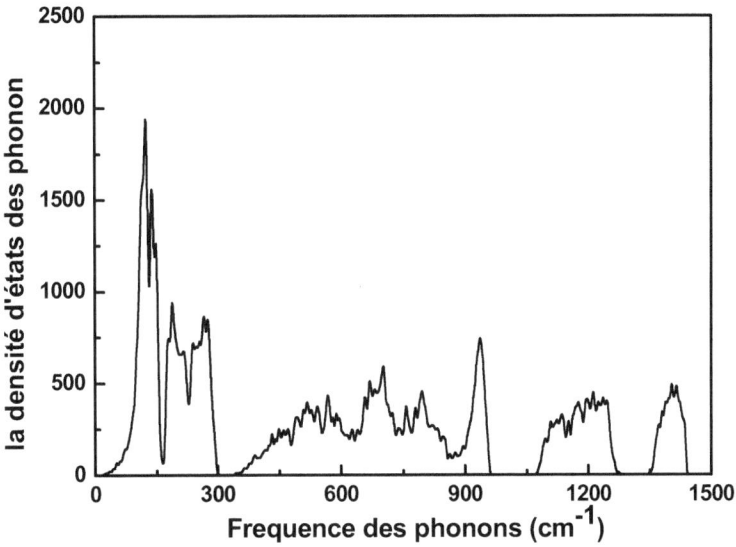

Figure IV.5.7. La densité totale calculée des états de phonon de NaMgH$_3$.

Nous observons également des séparations entre les modes optiques longitudinaux (LO) et les modes optiques transversaux (TO) au point Γ (splitting LO-TO). Cette séparation constitue une mesure de l'ionicité. En effet pour les isolants, la force d'interaction coulombienne est responsable de cette séparation [42], ce qui vient confirmer ici le caractère ionique du NaMgH$_3$ observé précédemment [12-13,38].

Le mode de vibration du réseau avec $q \approx 0$ possède un rôle dominant dans l'analyse de la diffusion Raman et l'observation infrarouge [43]. Cette importance fait que la fréquence de vibration pour $q = 0$ au point Γ de la première zone de Brillouin est appelé mode de vibration normal [41].

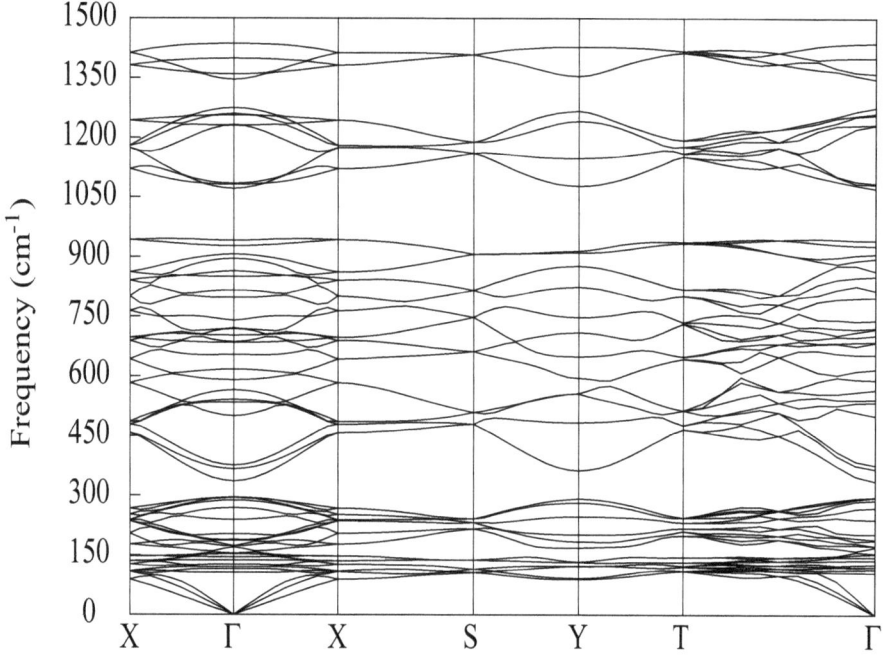

Figure IV.5.8 la courbe de dispersion des phonons calculés au long des points de hautes symétries dans la première zone de Brillouin.

Il est utile de classer les 60 modes de vibrations selon leur symétrie. Celle-ci s'obtient en notant les dégénérescences des différentes fréquences et en recherchant comment les déplacements propres se transforment sous l'effet des opérations de symétrie de groupe. La théorie des groupes permet de montrer que la représentation irréductible Γ_{vib} associée aux vibrations du cristal est donnée pour ce groupe d'espace par :

7 Ag + 8 Au + 5 B1g + 10 B1u + 7 B2g + 8 B2u + 5B3g + 10 B3u

Dans cette décomposition 3 modes associés aux symétries B1u, B2u et B3u sont acoustiques. Les 8 huit modes Au sont silencieux. 24 modes Ag, B1g, B2g et B3g sont des modes actifs Raman et les 25 modes restants B1u, B2u et B3u sont actifs en spectroscopie infrarouge (IR).

Les énergies et les symétries de tous les modes de vibrations – hormis les trois modes acoustiques – sont énumérées dans le tableau IV.5.6 pour l'infrarouge (mode dipolaire), Raman (mode quadripolaire) et silencieux (ne développant aucun des deux modes de type dipolaire ou quadripolaire). Les affectations, selon le groupe d'espace Pnma, sont également listées.

Tableau IV.5.6. Les fréquences des phonon (cm^{-1}) et la représentation symétrique au point Γ des modes : silencieux, Raman et Infrarouge (IR).

IR		Raman		Silent	
Mode	Energy (cm^{-1})	Mode	Energy (cm^{-1})	Mode	Energy (cm^{-1})
B1u	106.1	Ag	114.6	Au	126.7
B3u	120.6	B2g	120.9	Au	153.3
B1u	137.6	Ag	145.2	Au	269.1
B2u	155.1	B1g	170.6	Au	366.0
B3u	173.1	B2g	173.9	Au	739.6
B2u	186.9	B3g	189.5	Au	864.1
B3u	239.2	B2g	203.5	Au	941.1
B2u	287.8	Ag	335.7	Au	1398.8
B3u	294.5	B1g	375.5		
B1u	295.2	Ag	534.2		
B1u	295.3	B2g	541.1		
B2u	500.5	B3g	590.6		
B3u	565.1	Ag	684.1		
B3u	617.0	B1g	702.3		
B1u	654.1	B3g	717.7		
B2u	686.1	B2g	720.4		
B1u	815.5	B3g	797.5		
B3u	850.2	Ag	906.8		
B1u	895.3	Ag	1071.4		
B3u	927.3	B1g	1084.3		
B1u	1081.4	B2g	1230.9		
B2u	1231.9	B2g	1274.8		
B3u	1256.6	B3g	1345.9		
B2u	1260.0	B1g	1359.5		
B1u	1436.1				

A notre connaissance, il n'existe pas de mesures expérimentales des fréquences des phonons actifs en spectroscopie Raman et IR pour le NaMgH$_3$. Les valeurs rapportées dans ce travail seront utiles dans l'orientation de futures expériences de spectroscopie de ce composé.

Chapitre IV : résultats et discussions	5. Les propriétés de NaMgH$_3$

Les fonctions thermodynamiques de NaMgH$_3$ peuvent être déterminées à partir du spectre complet des phonons. Dans la présente étude, la contribution des phonons à l'énergie libre de Helmholtz F, à l'énergie interne E, à l'entropie S et à la chaleur spécifique à volume constant C$_v$ sont calculées en utilisant l'approximation harmonique [44]. Ces quantités sont liées à la densité d'états de phonons $g(\omega)$ par les relations

$$F = k_B T \int_0^{\omega_{max}} \ln\left(2\sinh\left(\frac{\hbar\omega}{2k_B T}\right)\right) g(\omega) d\omega \qquad (IV.5.8)$$

$$E = \frac{\hbar}{2} \int_0^{\omega_{max}} \omega \coth\left(\frac{\hbar\omega}{2k_B T}\right) g(\omega) d\omega \qquad (IV.5.9)$$

$$S = k_B \int_0^{\omega_{max}} \left[\frac{\hbar\omega}{2k_B T}\coth\left(\frac{\hbar\omega}{2k_B T}\right) - \ln\left(2\sinh\left(\frac{\hbar\omega}{2k_B T}\right)\right)\right] g(\omega) d\omega \qquad (IV.5.10)$$

$$C_V = k_B \int_0^{\omega_{max}} \left(\frac{\hbar\omega}{k_B T}\right)^2 \cosh^2\left(\frac{\hbar\omega}{k_B T}\right) g(\omega) d\omega$$
(IV.5.11)

Où k_B est la constante de Boltzmann. ω_{max} est la fréquence maximale des phonons et la densité d'états $g(\omega)$ est telle que $\int_0^{\omega_{max}} g(\omega) d\omega = 1$.

Nos résultats pour le NaMgH$_3$ sont présentés sur la fig. IV.5.9. Lorsque la température augmente, l'énergie libre diminue progressivement ; par contre l'énergie interne et l'entropie augmentent régulièrement. F (et E) représente à T=0 l'énergie du point zéro [44]. La valeur calculée est de 220 kJ/mol. La chaleur spécifique C$_v$ calculée montre le comportement attendu de loi en puissance T^3 à basse température, alors que pour des températures élevées C$_v$ atteint une limite classique (488.8 J/(mole.maille.K)) en bon accord avec la loi de Dulong-Petit [45] pour les températures élevées.

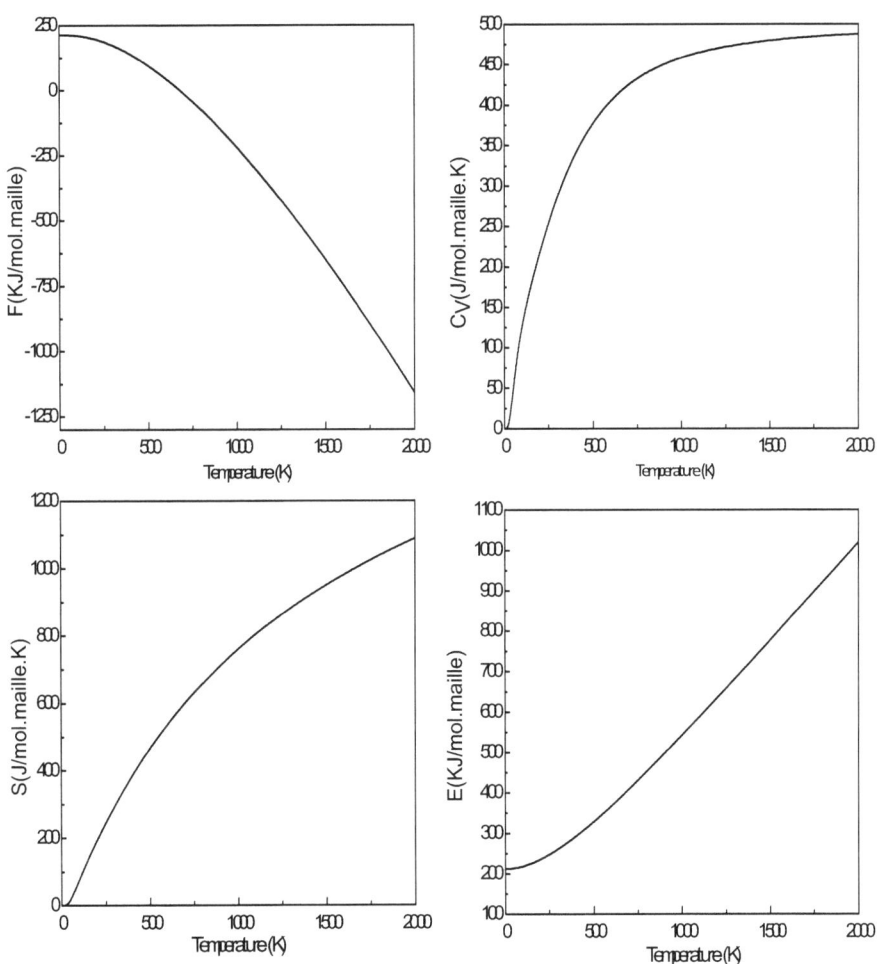

Figure IV.5.9. Contribution des phonons à l'énergie libre de Helmotz F (haut à gauche), l'énergie interne E (en bas a droite), l'entropie S (en bas gauche) et la chaleur spécifique a volume constante Cv (haut droit).

IV.5.8 l'effet de la substitution de Na par le Li sur les propriétés de NaMgH$_3$

Les substitutions modifient les propriétés atomiques et électroniques de la matrice hôte ce qui induit un changement de ses propriétés physiques dont on peut citer les caractéristiques thermodynamiques telles la température d'absorption-désorption de l'hydrogène.

Des choix économiques interviennent dans les substitutions comme le poids des matériaux en vue d'une application de stockage à bord. Une substitution d'éléments dans une matrice est réussie si elle apporte une meilleure stabilité sans perte importante de la capacité de stockage à température ambiante et une bonne tenue en cycle de charge/décharge d'hydrogène. Dans cette optique nous avons pensé à substituer le sodium par du lithium plus léger, ce qui devrait être avantageux pour la capacité de stockage de l'hydrogène dans l'hydrure.

Les structures optimisées de $Li_xNa_{1-x}MgH_3$ avec x={0.25,0.5,0.75}, ce qui correspond à remplacer un, deux ou trois des quatre atomes de sodium dans la maille élémentaire (rappelons que la maille élémentaire contient vingt atomes dont quatre sont des atomes de sodium).

Pour x=0.5, il y a deux façons de remplacer deux des quatre atomes de Na par des atomes Li. Nous avons étudié dans ce cas, les deux configurations extrêmes où les atomes de Li sont les plus proches et les plus éloignés. Nous avons cherché les systèmes les plus stables énergétiquement puis optimisé le système trouvé en cherchant son état fondamental. Le tableau IV.5.7 présente les résultats de cette optimisation (paramètres de mailles des structures trouvées de $NaMgH_3$ dans lequel certains sites de Na on été substitués par du Li). On remarque que la substitution a influé sur le volume de la maille. Il a ainsi diminué de 3.81%, 7.91% et 9.67% pour x=0.25, x= 0.5 et x=0.75 respectivement. Cette diminution semble être la conséquence de la différence de taille entre l'atome original et l'atome substitué. La nouvelle symétrie obtenue est monoclinique avec le groupe d'espace Pm(6), P2-1/m(11) et de nouveau Pm(6) pour respectivement x=0.25, 0.5 et 0.75.

Chapitre IV : résultats et discussions   5. Les propriétés de NaMgH$_3$

Tableau IV.5.7. Les paramètres de maille des structure optimisées Li$_x$Na$_{1-x}$MgH$_3$ (x=0, 0.25, 0.5 et 0.75)

Composé	Groupe d'espace	Le Volume de la maille (Å^3/f.u.)	Paramètres de la maille (A°)
NaMgH$_3$	Pnma(62)	55.283	A=5.410, b=7.628 c= 5.358
Li$_{0..25}$Na$_{0.75}$MgH$_3$	Pm(6)	53.175	A=5.340, b=7.530 c= 5.289
Li$_{0.5}$Na$_{0.5}$MgH$_3$	P2-1/m(11)	50.911	A=5.263, b=7.422 c= 5.213
Li$_{0.75}$Na$_{0.25}$MgH$_3$	Pm(6)	49.938	A=5.230, b=7.374 c= 5.179

Nous avons calculé les densités d'états (DOS) pour le NaMgH$_3$ dopé et non dopé par Li. Elles sont présentées sur la fig. IV.5.10. La DOS des structures substituées sont tracées en fixant le niveau de Fermi comme référence des énergies.

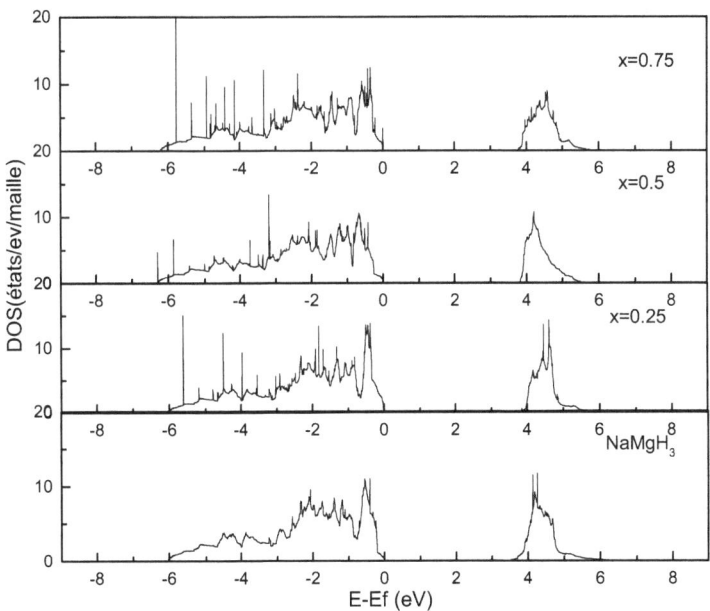

Figure IV.5.10 la densité d'état électronique de Li$_x$Na$_{1-x}$MgH$_3$ comparée a celle de NaMgH$_3$. La référence des énergies est l'énergie de Fermi.

Le NaMgH$_3$ n'est pas significativement affecté par les trois substitutions effectuées. Les composés obtenus restent des isolants avec un gap énergétique qui varie entre 3.6 eV et 3.9 eV.

L'énergie totale de Li$_x$Na$_{1-x}$MgH$_3$ augmente de 0.876 eV/fu, 172 eV/fu et 2.560 eV/fu pour x=0.25, 0.5 et 0.75 respectivement. La présence accrue de lithium diminue la stabilité du composé. Le plus stable étant Li$_{0.25}$Na$_{0.75}$MgH$_3$ et le moins stable le Li$_{0.75}$Na$_{0.25}$MgH$_3$. Ce résultat semble en bon accord avec les mesures d'Ikeda et al. [46] qui ont montré qu'il était possible d'insérer le Li dans la pérovskite NaMgH$_3$ pour former le Li$_x$Na$_{1-x}$MgH$_3$ avec x allant jusqu'à 0.5.

Afin d'examiner la stabilité et la capacité de formation de Li$_x$Na$_{1-x}$MgH$_3$, nous avons calculé les chaleurs de formations de la réaction suivante pour x = 0.25, 0.5 et 0.75 :

$(1-x)NaH + xLiH + MgH_2 \rightarrow Li_x Na_{1-x} MgH_3$ (IV.5.12)

La technique de calcul adopte la même procédure que celle mise au point pour les enthalpies de formation décrite plus haut. Les résultats sont rapportés dans le tableau IV.5.8 .

Tableau IV.5.8 Energie de formation de Li$_x$Na$_{1-x}$MgH$_3$ calculée selon la réaction (V.12)

composé Li$_x$Na$_{1-x}$MgH$_3$	x = 0	x = 0.25	x = 0.5	x = 0.75
ΔH(kJ/mol)	-10.88	-0.58	+6.61	+13.44

On constate que la réaction est exothermique pour x=0 et x=0.25 alors qu'elle absorbe de l'énergie pour x=0.5 et x=0.75. Cela vient confirmer les constatations expérimentales de référence d'Ikeda et al. [46].

Références

[1] K. Yvon, B. Bertheville, J. Alloy Compd. 425 (2006) 101

[2] H.-H. Park, M. Pezat, B. Darriet, P. Hagenmuller, J. Less-Common Met. 136 (1987).

[3] A.J. Maeland, A. F. Anderson, J. Chem. Phys. 48 (1968) 4660.

[4] C. E. Messer, J. C. Eastman, R. G. Mers, A. J. Maeland, inorg. Chem. 3 (1964) 776-778.

[5] H. Wu, W. Zhou, T.J. Udovic, J.J. Rush and T. Yildirim, Chem. Mater. 20 (2008) 2335.

[6] A.W. Overhauser, Phys. Rev. B 35 (1987) 411.

[7] A. Zaluska, L. Zaluski, J.O. Ström-Olsen, J. Alloy. Compd. 307 (2000) 157.

[8] F. Gingl, T. Vogt, E. Akiba, K. Yvon, J. Alloy. Compd. 282 (1999) 125.

[9] A. Bouamrane, J.P. Laval, J.P. Soulie, J.P. Bastide, Mater. Res. Bull. 35 (2000) 545.

[10] B. Bertheville, T. Herrmannsd¨orfer, K. Yvon, J. Alloys Compd. 325 (2001) L13.

[11] Y. Li, B.K. Rao, T. McMullen, P. Jena, P.K. Khowash, Phys. Rev. B 44 (1991) 6030.

[12] M. Fornari, A. Subedi, D.J. Singh, Phys. Rev. B 76 (2007) 214118.

[13] P. Vajeeston, P. Ravindran, A. Kjekshus, H. Fjellvag, J. Alloy. Compd. 450 (2008) 327.

[14] A. Bouamrane, C. De Brauer, J.P. Soulie, J.M. Letoffe, J.P. Bastide, Thermochim. Acta 326 (1999) 37.

[15] K. Ikeda, Y. Kogure, Y. Nakamori, S. Orimo, Scr. Mater. 53 (2005) 319.

[16] X. Gonze, J.M. Beuken, R. Caracas, F. Detraux, M. Fuchs, G.M. Rignanese, L. Sindic, M. Verstraete, G. Zerah, F. Jollet, M. Torrent, A. Roy, M. Mikami, Ph. Ghosez, J.Y. Raty, D.C. Allan, Comput. Mater. Sci. 25 (2002) 478.

[17] W. Kohn, L.J. Sham, Phys. Rev. A 140 (1965) 1133.

[18] X. Gonze et al., Z. Kristallogr. 220 (2005) 558

[19] J.P. Perdew, k Burke, M. Ernzerhof, Phys. Rev. Lett. 77 (1996) 3865.

[21] M. Fuchs, M. Scheffle, Comput. Phys. Commun. 119 (1999) 67.

[20] S. Goedecker, M. Teter, J. Hutter, Phys. Rev B 54 (1996) 1703.

[22] E. Rönnebro, D. Noréus, K. Kadir, A. Reiser, B. Bogdanovic, J. Alloys Compd. 299 (2000) 101.

[23] A. M. Glazer, acta Crystallogr. Sect. B. 28 (1972) 3384-3392.

[24] P. M. Woodward, Acta Crystallogr. Sect B 53 (1997) 32-43.

[25] P. M. Woodward, Acta Crystallogr. Sect B 53 (1997) 44-66.

[26] R.P. Feynman 'Forces in Molecules' Phys. Rev. 56 (1939) 340.

[27] C. Broyden 'A Class of Methods for Solving Nonlinear Simultaneous Equations' Math. Comput. 19 (1965) 577.

[28] P.K. Khowash, B.K. Rao, T. McMullen, P. Jena, Phys. Rev. B 55 (1997) 1454.

[29] R.M. Martin, 'Electronic Structure Basic Theory and Practical Methods', Cambridge University Press, Cambridge, England, 2004.

[30] C. Ambrosch-Draxl, J.O. Sofo, Comput. Phys. Commun. 175 (2006) 1.

[31] A. Klaveness, O. Swang, H. Fjellvag, Europhys. Lett. 76 (2006) 285.

[32] K. Ikeda, S. Kato, Y. Shinzato, N. Okuda, Y. Nakamori, A. Kitano, H. Yukawa, M. Morinaga, S. Orimo, J. Alloy. Compd. 446–447 (2007) 162.

[33] K. Komiya, N. Morisaku, R. Rong, Y. Takahashi, Y. Shinzato, H. Yukawa, M. Morinaga, J. Alloys Compd. 453 (2008) 157.

[34] R.E. Sonntag, G.J. Van Wylen, C. Borgnakke, Fundamentals of Thermodynamics, fifth ed., John Wiley & Son, Inc., New York, 1998.

[35] X. Ke, I. Tanaka, Phys. Rev. B 71 (2005) 024117.

[36] A. Klaveness, H. Fjellvag, A. Kjekshus, P. Ravindran, O. Swang, J. Alloys Compd. 469 (1–2) (2009) 617–622.

[37] X. Gonze, C. Lee, Phys. Rev. B55 (1997) 10355.

[38] Y. Bouhadda, Y. Boudouma, N. Fenineche, A. Bentabet, J. Phys. Chem. Solids 71 (2010) 1264.

[39] Y. Bouhadda, N. Kheloufi, A. Bentabet, Y. Boudouma, N. Fenineche, K. Benyelloul, J. Alloy. Compd. 509 (2011) 8994-8998.

[40] M.A. Omar, Elementary Solid State Physics, Addison-Wesley Publishing Company Inc., London, 1975.

[41] Wenhui Xue, You Yu, Yuna Zhao, HuiLei Han, Tao Gao, Comput. Math. Sci. 45(2009) 1025.

[42] Cihan Parlak, Resul Eryigit, Phys. Rev. 73 (2006) 245217.

[43] J.M. Chalmers, P.R. Griffiths, Handbook of Vibrational Spectroscopy, vol. 1, John Wiley & Sons, Chichester, 2002.

[44] C. Lee, X. Gonze, Phys. Rev. B 51 (1995) 8610.

[45] A.T. Petit, P.L. Dulong, "Recherches sur quelques points importants de la théorie de la chaleur" Ann. Chim. Phys. 10, (1819) 395.

[46] K. Ikeda, Y. Nakamori, S. Orimo, Acta Mater. 53, 3453 (2005).

Conclusion générale

L'objectif de ce travail a été de présenter une étude théorique basée sur la théorie de la fonctionnelle de la densité de différentes classes d'hydrures pour une éventuelle application dans le domaine de stockage de l'hydrogène.

Nous avons commencé notre étude par l'hydrure le plus simple existant dans la nature, le LiH, dont nous avons étudié les propriétés électroniques, structurales et thermodynamiques à l'aide de la méthode des ondes planes augmentées combinées au potentiel « tous électrons ». Le paramètre de maille à l'équilibre a_0, le module de compression B_0 calculés sont en bon accord avec les valeurs expérimentales trouvées dans la littérature.

L'analyse de la structure électronique indique que le LiH est un isolant avec une énergie de gap de 3.2 eV. Nous avons montré que le LiH n'est pas un cristal ionique pur, il possède également un faible caractère de liaison covalente du moment qu'il existe une hybridation entre les orbitales de Li et de H dans les bandes de conduction et de valence.

L'enthalpie de formation de LiH calculée est acceptable et du même ordre de grandeur que les résultats théoriques et expérimentaux existants de la littérature. La légère différence avec les autres prédictions peut être expliquée par le fait que nous avons négligé l'énergie de point zéro due au mouvement de vibration atomique. Il faut noter que cette enthalpie de formation est un peu élevée pour tout système de stockage de l'hydrogène utilisable.

Nous avons ensuite étudié un hydrure plus complexe : le $LiBH_4$. L'étude par premier principe de $LiBH_4$ a permis de prédire ses propriétés structurales. La structure électronique a été également prédite. Elle est caractérisée par une importante contribution des états B-p des atomes de B et de H-s des atomes de H, et un faible apport des états des atomes Li dans la bande de valence. A cause d'une faible contribution des orbitales Li aux états occupés, les atomes Li sont ionisés (cations Li^+). Ces propriétés de liaison sont similaires à celles d'une molécule de CH_4. Un

Conclusion générale

atome de bore construit des hybridations sp3 et forme une liaison covalente avec les quatre atomes d'hydrogène qui les entourent. L'électron manquant pour former ces liaisons est compensé par le cation Li^+. Le $LiBH_4$ est non métallique puisque le gap séparant la bande de valence de la bande de conduction est de 5.4 eV.

La valeur de l'enthalpie de formation que nous avons obtenue (71,9 kJ/mol H2) est du même ordre de grandeur que celles obtenues par l'expérience et par d'autres modèles de calculs théoriques.

L'étude des hydrures à base de magnésium ne peut être complète sans l'examen des propriétés de l'hydrure de magnésium MgH_2. A cette fin nous avons utilisé la méthode des ondes planes augmentées et le potentiel « tous électrons » pour étudier les propriétés électroniques, structurales et thermodynamiques de MgH_2.

La forte hybridation entre les états H-s, Mg-p et Mg-s conduit à une énergie de formation relativement élevée. Cet aspect peut être modifié dans les systèmes MgH_2 dopés par des métaux de transition 3d. Après une analyse de la densité électronique nous avons pu conclure que la nature de la liaison MgH_2 est un mélange de faible liaison covalente (hybridation des états de Mg et de H) et une forte liaison ionique (la dominance de H dans la bande valence et de Mg dans la bande de conduction). Nous avons trouvé que le MgH_2 est non-métallique avec une énergie de gap de 3.6 eV. Cette valeur est en bon accord avec les études théoriques. L'écart entre les valeurs expérimentales et les résultats théoriques doit être attribué à la méthode de calcul. En effet, il est connu que la DFT sous-estime l'énergie de gap car elle ne décrit pas exactement les états excités.

Nous avons ensuite étudié l'effet de l'insertion de l'hydrogène dans le système intermétallique ZrNi. Notre étude était menée pour le ZrNi, ZrNiH et $ZrNiH_3$ par la méthode FP-LAPW dans le cadre de la DFT. Le calcul du module de compression a montré que le ZrNiH3 est plus dur que le ZrNiH qui lui est plus dur que le ZrNi. Il peut être suggéré que ce «durcissement» relatif est dû à la formation d'un nombre croissant de liaisons hydrogène-métal dans le réseau intermétallique ZrNi.

L'absorption de l'hydrogène par le composé intermétallique provoque des modifications des propriétés électroniques de ce composé. Elle s'accompagne d'une

Conclusion générale

augmentation du volume de la maille induisant des changements dans les interactions entre les états d, s et p des éléments de transition et la création de nouvelles interactions entre les éléments de transition et les atomes d'hydrogène dues à la présence d'électrons supplémentaires apportés par les atomes d'hydrogène.

L'analyse des interactions atomiques Zr-Ni, Zr-H et Ni-H à partir des courbes de densités d'états et de leur décomposition en ondes partielles autour des différents sites permet de mettre en évidence les paramètres qui contrôlent la stabilité de ces matériaux (formation d'états liants métal-hydrogène, modification de la position du niveau de Fermi).

L'enthalpie de formation de l'hydrure $ZrNiH_3$ a été bien reproduite par le calcul théorique tout en exposant les difficultés de calcul qui peuvent être rencontrées.

Nous avons aussi étudié la structure cristalline et électronique, les propriétés optiques et thermodynamiques de $NaMgH_3$ par des calculs de premiers principes au sein de la DFT. Cette fois, nous avons mené nos calculs en utilisant le concept de pseudopotentiel avec une base d'ondes planes pour résoudre les équations de Kohn et Sham.

Dans un premier temps, nous avons examiné l'effet de l'énergie d'échange et de corrélation (les deux approximations LDA et GGA) sur l'optimisation de la structure cristalline. Nos calculs montrent que les deux approximations donnent des résultats qui s'accordent bien avec l'expérience avec toutefois un petit avantage à la GGA qui s'avère beaucoup plus précise que la LDA. Nous avons adopté en conséquence pour la suite de l'étude de NaMgH3 la fonctionnelle GGA pour l'énergie d'échange et de corrélation.

L'analyse de la structure électronique a montré que le $NaMgH_3$ est un isolant avec un gap direct ($\Gamma \rightarrow \Gamma$) de 3,4 eV. La bande de valence est dominée par les états des atomes d'hydrogène. La liaison au sein de la $NaMgH_3$ est composé d'une hybridation des orbitales atomiques des atomes Mg et H, avec un caractère ionique entre le Na et l'octaèdre MgH_6.

Nous avons aussi présenté le spectre optique de $NaMgH_3$. Nous avons développé une technique afin d'identifier les pics existant dans le spectre optique, à partir de la

Conclusion générale

structure de bande. A notre connaissance, aucun spectre expérimental optique n'est disponible pour ce composé. Le spectre optique théorique qui a été présenté semble être original.

Nous avons calculé l'enthalpie de formation de $NaMgH_3$ via quatre réactions possibles. La divergence existant dans la littérature sur la valeur exacte de l'enthalpie standard de formation de $NaMgH_3$ a été discutée. A partir de nos calculs nous suggérons la valeur exacte de cette enthalpie standard.

Les charges effectives de Born sont proches des valeurs nominales, ce qui reflète le caractère ionique de $NaMgH_3$. En utilisant la théorie des perturbations de la fonctionnelle densité, nous avons obtenu les fréquences et la densité des états des phonons dans la première zone de Brillouin. Nous avons aussi, identifié les fréquences qui correspondent aux modes de spectroscopie Raman et à la spectroscopie infrarouge pour le $NaMgH_3$. En utilisant la densité d'état des phonons et dans le cadre de l'approximation harmonique, nous avons déterminé les fonctions thermodynamiques telle que l'énergie libre de Helmholtz F, l'énergie interne E, l'entropie S et la chaleur spécifique à volume constant C_v.

Enfin, nous avons essayé de répondre à la question de savoir si les propriétés de $NaMgH_3$ sont changées lorsqu'on substitue le Na par le Li. Pour cela, nous avons étudié les propriétés de $Li_xNa_{1-x}MgH_3$ pour x = {0.25, 0.5 et 0.75}. Nos résultats montrent clairement qu'il existe un changement de la structure cristalline et surtout une diminution de volume (en plus du poids) en fonction des atomes de Na substitués, ce qui peut être avantageux pour des applications mobiles. Nous avons également montré que la substitution n'influe pas d'une façon significative sur la structure électronique de $NaMgH_3$ et que le Li influe sur la stabilité de $Li_xNa_{1-x}MgH_3$, et nous avons confirmé que le $Li_xNa_{1-x}MgH_3$ ne peut être formé que pour des x ne dépassant pas 0.5 comme des expériences l'ont déjà montré.

Cette étude ouvre ainsi des perspectives très attrayantes pour la caractérisation des hydrures. Une caractérisation complète de la diffusion d'hydrogène peut ainsi être entreprise. Par ailleurs, au vu de l'importance de la substitution et du dopage des éléments dans l'amélioration des propriétés thermodynamiques des hydrures, il serait

Conclusion générale

plus qu'utile de focaliser nos efforts dans ce sens. Aussi, on envisage de pousser plus loin cette étude afin de maîtriser et raffiner les différentes méthodes et approximation théoriques.

Annexe A

Les propriétés optiques des solides

Les propriétés optiques des solides sont liées à la réponse de leurs électrons à une perturbation électromagnétique. Cette réponse peut être caractérisée par un tenseur diélectrique complexe que l'on calcule habituellement à l'aide des techniques perturbatives à plusieurs corps. La théorie des propriétés optiques a été développée par Hedin[1], Adler[2] et Wiser[3]. La fonction diélectrique est la quantité cruciale pour avoir accès aux propriétés optiques. Nous rappelons succinctement les grandes lignes de son calcul en empruntant à la présentation faite par Ambrosch-Draxl et Sofo [4]. Ces deux auteurs se basent sur le travail de Hedin [1] et sa définition de la constante diélectrique obtenue dans l'approximation de la phase aléatoire (RPA) pour proposer un schéma de calcul qui peut être implanté dans tout code basé sur la DFT.
La définition donnée par Hedin [1] de la fonction diélectrique ε est

$$\varepsilon(\mathbf{r},t,\mathbf{r}',t') = \delta(\mathbf{r}-\mathbf{r}')\delta(t-t') - \int \chi(\mathbf{r},t,\mathbf{r}'',t')v(\mathbf{r}''-\mathbf{r}')d\mathbf{r}'' \qquad (A\text{-}1)$$

où $\chi(\mathbf{r},\mathbf{r}',t-t')$ désigne la polarisabilité et v l'interaction coulombienne.

Cela implique que le tenseur diélectrique relie le potentiel scalaire total V dans le solide au potentiel V_{ext} produit uniquement par les sources extérieures. Pour des systèmes périodiques, il convient de travailler dans l'espace réciproque où la transformée de Fourier de la polarisation est une matrice fonction des vecteurs **G** et **G'** de la maille réciproque. Il vient

$$V_{\mathbf{G}}(\mathbf{q},\omega) = \sum_{\mathbf{G}'} \varepsilon^{-1}_{\mathbf{G},\mathbf{G}'}(\mathbf{q},\omega) V^{ext}_{G'}(\mathbf{q},\omega) \qquad (A\text{-}2)$$

Pour un moment transféré **q** donné et si on désigne par χ^0 l'expression de la polarisabilité dans l'approximation de la phase aléatoire ainsi que l'expression de la fonction diélectrique dans l'espace réciproque est

$$\varepsilon_{\mathbf{G},\mathbf{G}'}(\mathbf{q},\omega) = \delta_{\mathbf{GG}'} - v_{\mathbf{G}}(\mathbf{q})\chi^0_{\mathbf{GG}'}(\mathbf{q},\omega) \qquad (A\text{-}3)$$

Où

Annexe A : Les propriétés optiques des solides

$$\chi^0_{G,G'}(\mathbf{q},\omega) = \frac{1}{\Omega_c} \sum_{i,j,\mathbf{k}} \frac{f(E_i,\mathbf{k}+\mathbf{q}) - f(E_j,\mathbf{k})}{E_{i,\mathbf{k}+\mathbf{q}} - E_j - \omega} M^G_{ij}(\mathbf{k},\mathbf{q})^* M^{G'}_{ji}(\mathbf{k},\mathbf{q}) \quad (A-4)$$

Avec $M^G_{ij}(\mathbf{k},\mathbf{q}) = <j,\mathbf{k}|e^{-i(\mathbf{q}+\mathbf{G}).\mathbf{r}}|i,\mathbf{k}+\mathbf{q}>$

Dans ces équations, $v_G(\mathbf{q})$ est la transformée de Fourier du potentiel coulombien, Ω_c est le volume de la cellule élémentaire, f est la fonction de distribution de Fermi-Dirac, $E_{i,\mathbf{k}}$ et $|i,\mathbf{k}\rangle$ sont les valeurs et les vecteurs propres solutions de l'équation de Kohn-Sham [4].

Pour comparer les calculs à des spectres expérimentaux, il est alors important de remonter à la fonction diélectrique macroscopique, $\varepsilon_M(\mathbf{q},\omega)$, celle qui intervient dans les équations de Maxwell. On définit la fonction diélectrique macroscopique ε_M, par le rapport entre la moyenne du potentiel total V dans une cellule unité et le potentiel externe V_{ext} [3-4] et peut être donnée par les expressions suivantes [3] :

$$\varepsilon_M(\mathbf{q},\omega) = \frac{1}{\varepsilon^{-1}_{0,0}(\mathbf{q},\omega)} \quad (A-5)$$

$$\varepsilon_M(\mathbf{q},\omega) = 1 - v_0(\mathbf{q})\chi^0_{0,0}(\mathbf{q},\omega) \quad (A-6)$$

On peut diviser la fonction diélectrique en deux termes selon la sommation sur i et j. Un terme tel que $i = j$ qui correspond aux transitions électroniques intra-bande et un terme $i \neq j$ qui correspond aux transitions électroniques inter-bande (i.e. entre bandes de valence et de conduction). Ainsi la fonction diélectrique macroscopique dans la limite des longueurs d'onde infinies s'écrit :

$$\varepsilon_M(\omega) = \varepsilon_{\text{intra}}(\omega) + \varepsilon_{\text{inter}}(\omega) \quad (A-7)$$

$$\varepsilon_{\text{intra}}(\omega) = 1 - \lim_{\mathbf{q}\to 0} \frac{4\pi e^2}{\Omega_c |\mathbf{q}|^2} \sum_{i,\mathbf{k}} \frac{f(E_i,\mathbf{k}+\mathbf{q}) - f(E_i,\mathbf{k})}{E_{i,\mathbf{k}+\mathbf{q}} - E_{i,\mathbf{k}} - \omega} |M^0_{ii}(\mathbf{k},\mathbf{q})|^2 \quad (A-8)$$

$$\varepsilon_{\text{inter}}(\omega) = -\lim_{\mathbf{q}\to 0} \frac{4\pi e^2}{\Omega_c |\mathbf{q}|^2} \sum_{i,i\neq j,\mathbf{k}} \frac{f(E_i,\mathbf{k}+\mathbf{q}) - f(E_j,\mathbf{k})}{E_{i,\mathbf{k}+\mathbf{q}} - E_j - \omega} |M^0_{ji}(\mathbf{k},\mathbf{q})|^2 \quad (A-9)$$

Annexe A : Les propriétés optiques des solides

La contribution importante à la constante diélectrique provient de ε_{inter} et notamment de sa partie imaginaire dont l'expression est

$$\text{Im}(\varepsilon_{inter}(\omega)) = -\lim_{\mathbf{q}\to 0}\frac{4\pi e^2}{\Omega_c |\mathbf{q}|^2}\sum_{i,i\neq j}\int f(E_i,\mathbf{k+q}) - f(E_j,\mathbf{k})\left|M_{ji}^0(\mathbf{k,q})\right|^2 \delta(E_{i,\mathbf{k+q}} - E_{j,\mathbf{k}} - \hbar\omega)d\mathbf{k}$$

(A-10)

La partie réelle de la fonction diélectrique peut être identifiée par la relation de Kramers-Kronig

$$\text{Re}(\varepsilon_{inter}(\omega)) = 1 + \frac{1}{\pi}\int_0^\infty \text{Im}\varepsilon_{inter}(\omega)(\frac{1}{\omega'-\omega} + \frac{1}{\omega'+\omega})d\omega' \qquad \text{(A-11)}$$

Cas particuliers

1- L'expression de la partie imaginaire de la fonction diélectrique pour l'approximation dipolaire et pour des isolants est donnée par

$$\varepsilon_2(\omega) = \frac{e^2}{3\pi^2 m^2 \omega^2}\sum_{i,j}\int d\mathbf{k} f_i(1-f_j)|\langle i|\mathbf{p}|j\rangle|^2 \delta(E_f - E_i - \hbar\omega) \qquad \text{(A.12)}$$

Où **p** est l'opérateur impulsion, e la charge de l'électron et m sa masse. Les indices i et j repèrent les états des bandes impliquées dans les transitions (des transitions inter-bandes). Chaque état $|i\rangle$ de la bande est caractérisé par son énergie E_i et par sa fonction de distribution de Fermi f_i.

2- La fonction diélectrique dans l'approximation RPA est la célèbre formule de Lindhard [5]

$$\varepsilon(\mathbf{q},\omega) = 1 + 2\frac{v(\mathbf{q})}{\Omega_c}\sum_k \frac{f(E_{\mathbf{k+q}}) - f(E_\mathbf{k})}{E_{\mathbf{k+q}} - E_\mathbf{k} - \omega} \qquad \text{(A-13)}$$

dont l'expression peut être obtenue à partir de la fonction diélectrique macroscopique (A-3) en négligeant les effets de champ locaux.

Référence :

[1] L. Hedin, phys. Rev A 139 (1965)796.

[2] S. L. Adler, Phys. Rev. **126**, 413 (1962

[3] N. Wiser, Phys. Rev. 129 (1963) 62.

[4] C. Ambrosh-draxl J.O. Sofo. Computer Physics Communications 175(2006)1-14

Annexe A : Les propriétés optiques des solides

[5] J. Lindhard , kgl. Dansk Videnskab. Selskab, Mat. Fys. Medd. 28, No. 8 1954.

Annexe B : Equations d'état

Annexe B

Equations d'état

Nous donnons ici deux équations d'état reliant le volume de la maille et la pression qui lui est appliquée.

B.1 Equation de Birch-Murnaghan

Il s'agit là certainement de la plus connue et la plus utilisée. Elle est le résultat d'un développement limité construit à partir d'une approche de mécanique de milieux continus [1-2]. Elle s'exprime par

$$P = \frac{3}{2} B_0 \left[(V_0/V)^{7/3} - (V_0/V)^{5/3} \right] \left\{ 1 + \frac{3}{4}(B_0' - 4)\left[(V_0/V)^{2/3} - 1\right] \right\} \quad \text{(B-1)}$$

avec V_0 le volume molaire à température ambiante, B_0 le module de compression isotherme et B_0' sa dérivée par rapport à la pression. Les valeurs de B_0 et B_0' sont obtenues par ajustement de l'équation d'état sur un ensemble de couples (P,V) qui peuvent être d'origine expérimentale ou théorique.

L'expression de Birsh [2] est obtenue pour $B_0' = 4$. Elle est adaptée aux basses pressions.

B.2 Equation de Vinet

L'équation d'état de Vinet [3] constitue une généralisation de celle proposée antérieurement par Rose et al. [4] pour les métaux et les solides covalents (Ge, Si) basée sur la relation entre compression et énergie de cohésion. Elle s'exprime comme suit

$$P(V) = 3B_0(1-x)/x^2 \exp[\eta(1-x)] \quad \text{(B-2)}$$

$x = (V/V_0)^{1/3}$ et $\eta = \frac{3}{2}(B_0' - 1)$

Il a été noté [5] que les deux équations d'état donnent des résultats équivalents pour $B_0' = 4$ ce qui est le cas pour un grand nombre de matériaux.

Référence:

Annexe B : Equations d'état

[1] F. D. Murnaghan (1944): The Compressibility of Media under Extreme Pressures. *Proceedings of the National Academy of Sciences* **30** (1944) 244 - 247.

[2] F. Birich (1947): Finite Elastic Strain of Cubic Crystals. *Physical Review* **71**, pp. 809 – 824.

[3] P. Vinet, J. R. Smith, J. Ferrante, J. H. Rose: A universal equation of states for solids. *Journal of Physic C: Solid State Physic* **19**, (1987) L467 – L473.

[4] J. H. Rose, J. R. Smith, F. Guinea, J. Ferrante: Universal features of the equation of state of metals. *Physical Review B* **29** (1984) 2963 – 2969.

[5] R. Jeanloz: Universal equation of state. *Physical Review B* **38**, (1988) 805 – 807.

Annexe C

Tableau C 1 Les propriétés d'absorption (/désorption) des hydrures à base de Mg. BM : Ball Milling.

Material	Method	Temperature (°C)	Pressure (bar)	Kinetics (min)	Cycling stability	Max wt% of H_2
MgH_2–5 mol% Fe_2O_3	BM	T abs: 300	P abs: 2–15	tabs: 20	No data	1.37
30 wt% Mg–M mNi$_{5-x}$(CoAlMn)x	BM	Tabs: 15	Pabs: 6	tabs: 83	No data	2.30
Mg–5 wt% FeTi$_{1.2}$	BM	Tabs and Tdes: 400	Pabs: 30 Pdes: 1	No data	9 cyc.: stable after fourth cycle	2.70
MgH_2–5 mol% V_2O_5	BM	Tabs: 250	Pabs: 15	tabs: 1.6	No data	3.20
90Mg–10Al	BM	Tabs and Tdes: 400	Pabs: 15 Pdes: 12	tabs: 2.7–19 tdes: 0.5–5.8	No data	3.30
Mg–50 wt% ZrFe$_{1.4}$Cr$_{0.6}$	BM	Tabs: 250–350 Tdes: 300–350	Pabs: 20 Pdes: 1	tabs: 1 tdes: 5	2 cyc.: stable	3.40
Mg–10 wt% CeO_2	BM	Tabs and Tdes: 300	Pabs: 11 Pdes: 0.5	tabs: 60 tdes: 60	5 cyc.: not stable	3.43
Mg–20 wt% Mm (La, Nd, Ce)	BM (pellet form)	Tabs: 300 Tdes: 480	Pabs: 10 Pdes: 1	tabs: 10 tdes: 5	No data	3.50
Mg–40 wt% ZrFe$_{1.4}$Cr$_{0.6}$	BM	Tdes: 270–280	Pdes: 1	tdes: 15	2 cyc.: stable	3.60
La_2Mg_{17}–40 wt% $LaNi_5$	BM	Tabs and Tdes: 250–303	Pabs and Pdes: 4–7	tabs: 0.45 tdes: 4	20 cyc.: not stable	3.70
$La_{0.5}Ni_{1.5}Mg_{17}$	Hydriding combustion synthesis	Tabs and Tdes: 280–400	Pabs: 2.21–11.34 Pdes: 1.62–	tabs: 15 tdes: 5	Not stable	4.03

Annexe C

Material	Method	Temperature (°C)	Pressure (bar)	Kinetics (min)	Cycling stability	Max wt% of H_2
			15.48			
Mg–50 wt%LaNi$_5$	BM	Tdes: 250–300	Pabs and Pdes: 10–15	tabs: 3.33	Not stable	4.10
MgH$_2$–2LiNH$_2$	BM	Tabs and Tdes: 200	Pabs: 50 Pdes: 10	tdes: 60	4 cyc.: stable after 2nd cycle	4.30
Mg$_2$CoH$_5$	Mixing	Tabs: 450–550	Pabs: 17–25	No data	1000 cyc.: stable	4.48
MgH$_2$–5 mol% Al$_2$O$_3$	BM	Tabs: 300	Pabs: 15	tabs: 67	No data	4.49
1.1MgH$_2$–2LiNH$_2$	BM	Tabs: 200	Pabs: 30	Tabs: 30	9 cyc.: stable	4.50
Mg–20 wt% TiO$_2$	BM	Tabs: 350 Tdes: 330–350	Pabs: 20 bar Pdes: 1	tabs: 2 tdes: 10	No data	4.70
Mg–30 wt% MmNi$_{4.6}$Fe$_{0.4}$	BM (hexane medium)	Tdes: 300–550	Pdes: 2	tdes: 30	No data	5.00
MgH$_2$–5 wt% V	BM	Tabs and Tdes: 300	Pabs and Pdes: 1–3	tabs: 2 tdes: 10	2000 cyc.: stable	5.00
Mg–Fe–Mg$_2$FeH$_6$	Mixing	Tabs: 473–552	Pabs: 77–85	tabs: 90	600 cyc.: stable	5.00
MgH$_2$–Mg$_2$FeH$_6$	Mixing	Tabs and Tdes: 350–525	Pabs and Pdes: 3.6–93.7	tabs: 90–1440	600 cyc.: stable	5.00
MgH$_2$–5 at% Ti	BM	Tabs: 200 Tdes: 300	Pabs: 10 Pdes: 0.15	tdes: 3.33 tabs: 0.83	No data	5.00
MgH$_2$–5 at% Ni	BM	Tabs: 200 Tdes: 300	Pabs: 10 Pdes: 0.15	tdes: 5 tabs: 16.7	No data	5.00

Annexe C

Material	Method	Temperature (°C)	Pressure (bar)	Kinetics (min)	Cycling stability	Max wt% of H_2
Mg–30 wt% $LaNi_{2.28}$	BM	Tabs: 280	Pabs: 30	tabs: 1.6	3 cyc.: stable	5.40
MgH_2–5 at% V	BM	Tabs: 200 Tdes: 300	Pdes: 0.15 Pabs: 10	tdes: 3.33 tabs: 1.66	No data	5.50
Mg–10 wt% Fe_2O_3	BM	Tabs: 320	Pabs: 12	tabs: 60 tabs: 10	3 cyc.: stable	5.56
Mg–30 wt% $CFMmNi_5$	Mixing and encapsulation	Tabs and Tdes: 500	Pabs and Pdes: 3–10	tdes: 40	No data	5.60
Mg–10 wt% Al_2O_3	BM	Tabs and Tdes: 300	Pabs: 11 Pdes: 0.5	tabs: 60 tdes: 60	5 cyc.: not stable	5.66
MgH_2–5 wt% V	BM	Tabs: 200 Tdes: 300	Pabs: 10 Pdes: 0.15	tabs: 4.2 tdes: 33	No data	5.80
Mg–10 wt% Cr_2O_3	BM	Tabs and Tdes: 300	Pabs: 11 Pdes: 0.5	tabs: 60 tdes: 60	5 cyc.: not stable	5.87
Mg/MgH_2–5 wt% Ni	Wet-chemical method	Tabs: 230–370	Pabs and Pdes: 4.0–1.4	tabs: 90	800 cyc.: stable	6.00
MgH_2–5 at% Mn	BM	Tabs: 200 Tdes: 300	Pabs: 10 Pdes: 0.15	tdes: 8.33 tabs: 13.33	No data	6.00
MgH_2–0.2 mol% Cr_2O_3	BM	Tabs and Tdes: 300	Pabs and Pdes: 1–2	tabs: 6 tdes: 10–35	1000 cyc.: stable	6.40
MgH_2–2 mol% Ni	BM	Tdes: 150–250	Pdes: 1	tdes: 150	2 cyc.: not stable	6.50
MgH_2–1 mol% Cr_2O_3	BM	Tabs and Tdes: 300	Pabs: 8.4 Pdes: vacuum	tabs: 2 tdes: 6	No data	6.70

Annexe C

Material	Method	Temperature (°C)	Pressure (bar)	Kinetics (min)	Cycling stability	Max wt% of H_2
MgH_2	BM	Tabs: 300 (milled) Tdes: 350 (milled)	Pabs: 3–10 Pdes: 0.15	tdes: 12.5 (milled) tdes: 50 (unmilled)	No data	7.00
$3Mg(NH_2)_2$–$8LiH$	BM	Tdes: 140–190	Pdes: 1	No data	No data	7.00
Mg–0.5 wt% Nb_2O_5	Mixing	Tabs and Tdes: 300	Pabs: 8.4 Pdes: vacuum	tabs: 1 tdes: 1.5	No data	7.00
MgH_2–1 at% Al	BM (benzene and cyclohexane medium)	T abs: 180 T des: 335–347	Pabs: 0.6	tabs: 420	No data	7.30
MgH_2–5 at% Ge	BM	Tdes: 50–150	No data	No data	No data	7.60

Annexe D

Liste des publications relatives à ce travail

1. **First-principles calculation of MgH2 and LiH for hydrogen storage**,
   Y. Bouhadda, A. Rabehi and S. Bezzari-Tahar-Chaouche. *Revue des Energies Renouvelables Vol.10 N°4 (2007) 545 – 550.*

2. **Stockage solide de l'hydrogène : Etude du premier principe de LiBH4**, Y. Bouhadda et A. Rabehi. *Revue des Energies Renouvelables ICRESD-07 Tlemcen (2007) 17 – 20.*

3. **Hydrogen solid storage: First-principles study of ZrNiH3**,
   Y. Bouhadda, A. Rabehi, Y. Boudouma, N. Fenineche, S. Drablia, H. Meradji. *International journal of hydrogen energy 34 (2009) 4997–5002.*

4. **Ab initio calculations study of the electronic, optical and thermodynamic properties of NaMgH3, for hydrogen storage**,
   Y. Bouhadda, Y. Boudouma, N. Fennineche, A. Bentabet. *Journal of Physics and Chemistry of Solids 71 (2010) 1264–1268.*

5. **Hydrogen storage: Lattice dynamics of orthorhombic NaMgH3**,
   Y. Bouhadda, N. Fenineche, Y. Boudouma. *Physica B 406 (2011) 1000–1003.*

6. **Thermodynamic functions from lattice dynamic of KMgH$_3$ for hydrogen storage applications**.
   Y. Bouhadda, N. Kheloufi, A. Bentabet, Y. Boudouma, N. Fenineche, . Benyalloul, *J. Alloy. Compd.* 509 (2011) 8994-8998

Oui, je veux morebooks!

I want morebooks!

Buy your books fast and straightforward online - at one of the world's fastest growing online book stores! Environmentally sound due to Print-on-Demand technologies.

Buy your books online at
www.get-morebooks.com

Achetez vos livres en ligne, vite et bien, sur l'une des librairies en ligne les plus performantes au monde!
En protégeant nos ressources et notre environnement grâce à l'impression à la demande.

La librairie en ligne pour acheter plus vite
www.morebooks.fr

OmniScriptum Marketing DEU GmbH
Heinrich-Böcking-Str. 6-8
D - 66121 Saarbrücken

Telefax: +49 681 93 81 567-9

info@omniscriptum.de
www.omniscriptum.de

Printed by Books on Demand GmbH, Norderstedt / Germany